DIE GESCHICHTE DER SCHLACHTSCHIFFE

DIE GESCHICHTE DER SCHLACHTSCHIFFE

ROBERT JACKSON

KARL MÜLLER VERLAG

Leitartikel und Umschlag von Brown Packaging Books Ltd
Bradley's Close
74–77 White Lion Street
London N1 9PF

Herausgeber: Matthew Tanner
Design: www.stylus-design.com
Auswahl der Abbildungen: Tony Moore

Fotos
Aerospace: 92–93; Imperial War Museum: 60;
National Maritime Museum: 25; Popperfoto: 21; Robert Hunt Library: 14, 91, 100;
TRH: 6, 8, 10–11, 16 (Orbis Publishing), 20, 24–25 (US Navy), 30, 33 (US Navy), 36 (US Navy),
37 (US Navy), 39 (US Navy), 40, 45, 46–47 (US Navy), 50–51 (Orbis Publishing), 52 (Orbis Publishing),
54 (Orbis Publishing), 57, 62–63 (Orbis Publishing), 65 (t), 65 (b), 66 (US Navy), 68–69 (Orbis Publishing),
70–71, 76 (t) (US Navy), 76–77 (National Archives), 79, 80 (US Navy), 82, 83(Orbis Publishing), 84 (US Navy),
86, 90(US Navy), 94 (IWM), 95 (IWM), 96–97 (IWM), 98 (IWM), 104, 105 (IWM), 108 (IWM),
109 (IWM), 110, 112 (US Navy), 114 (US Navy), 115 (US Navy), 117 (US Navy),
118 (US Navy), 119 (US Navy), 122–123 (US Navy), 124 (IWM),
126–127 (US National Archive), 128 (US Navy),
130 (US Navy), 133 (b), 136–137 (US Navy),
138–139 (US Navy), 140 (b) (US Navy),
141 (t&b) (US Navy), 142 (US Navy)

Zeichnungen
Istituto Geografico de Agostini: 9, 11, 12, 13, 15, 17, 19, 22–23, 26–27, 28, 29, 31, 32, 34–35, 38 (t&b),
41, 42–43, 44, 46 (b), 48–49, 50, 53, 55, 56, 58–59, 62 (t), 67, 71, 72, 73,
74–75, 78, 81, 85, 87, 88–89, 97 (t), 99, 101, 103, 106–107, 111,
113, 116, 120–121, 124–125 (t), 131, 132, 133 (t),
134-135, 135 (b), 140

Titel der Originalausgabe: The World's Great Battleships
Übertragung aus dem Englischen: Jürgen Brust
Lektorat: Tina Hofmann und Thurid Heyse

ISBN 3-86070-798-1

1 2 3 4 5 3 2 1 00 99

INHALT

Kapitel 1

Mächtige Holzwände

Das Konzept des Schlachtschiffs stammt aus dem 16. Jahrhundert, als die europäischen Herrscher erkannten, dass sie mit der Feuerkraft großer Schiffe alle Seeschlachten gewinnen konnten. Diese Schiffe waren jedoch mehr als nur schwimmende Geschützbatterien – elegant verziert und mit riesigen Segeln verkörperten sie Macht und Reichtum ihres Landes.

Das Wort „Schlachtschiff" vermittelt das Bild von Kraft, aber auch von Eleganz. Man denkt an ein mächtiges Kriegsschiff, das durch die Wellen pflügt. Der Begriff ist relativ neu; im Zeitalter des Segelschiffs wurden die größten Kampfschiffe als Großkampfschiffe bezeichnet.

Um die Entwicklung des Schlachtschiffs nachzuvollziehen, müssen wir in das 16. Jahrhundert zurückkehren, in die Zeit von Heinrich VIII., der wohl als erster

LINKS: Das wohl berühmteste britische Kriegsschiff aller Zeiten war die HMS *Victory*. Hier wird sie im Jahr 1890 gezeigt, dekoriert für den Gedenktag an die Schlacht bei Trafalgar.

Marineplaner ein schwer bewaffnetes Kriegsschiff konzipierte, das alle Gegner schlagen konnte. In seiner Planung wurde Heinrich durch James IV. von Schottland angespornt, der bereits mehrere starke Kriegsschiffe hatte, als Heinrich 1509 den Thron bestieg. Von seinem Vater hatte Heinrich eine kleine Flotte geerbt, angeführt von zwei Karacken (seetüchtige Handelsschiffe mit besonders hohen Aufbauten an Bug und Heck) mit den Namen *Regent* und *Sovereign*. Heinrich ließ Letztere umbauen und mit einem stärkeren Rumpf versehen, wahrscheinlich für neuere und schwerere Kanonen.

In den folgenden Jahren ließ er weitere große Schiffe bauen, darunter die *Mary Rose*, die *Peter Pomegranate*

Oben: Die wichtigste Innovation der *Henri Grâce à Dieu* von Heinrich VIII. war das schwere Geschütz auf dem Unterdeck, das durch Stückpfortendeckel in der Breitseite feuerte.

und die *Henri Grâce à Dieu.* Diese war auch unter dem Namen „Great Harry“ bekannt und mit einer Verdrängung von 1000 t das stärkste Kriegsschiff ihrer Zeit. Sie lief 1514 vom Stapel und wurde als Ersatz für die *Regent* in Auftrag gegeben, die 1512 im Gefecht verloren gegangen war.

GESCHÜTZPFORTEN

Heinrich hatte von seinem Vater eine solide Grundlage für die Schiffsartillerie geerbt. Schon bald nach seiner Thronbesteigung hatte Heinrich VII. französische und spanische Geschützgießer engagiert, die von 1496 an eiserne Kanonen und Geschosse bauten. 1508 wurde erstmals in England versucht, eiserne Kanonen zu gießen, und schon 1510 gab es Hinterlader mit getrennten Ladungsräumen. Ein Jahr später gründete Heinrich VIII. eine Gießerei in Hounsditch, London, die in erster Linie Geschütze für seine Flotte baute. Das erste Schiff mit einem Geschützdeck oberhalb des Orlopdecks (das unterste Deck eines Schiffes mit drei oder mehr Decks) war die *Mary Rose.* Die Idee, Geschütze von der Breitseite durch eine Geschützpforte abzufeuern, kam zwischen 1505 und 1509 auf. Die *Mary Rose* hatte mit Sicherheit von Anfang an Geschützpforten mit Deckel, eine Revolution im Schiffbau. Neu war die Idee aber nicht, erfunden hatte diese Deckel der Franzose Descharges bereits zehn Jahre zuvor.

Im Juni 1514, nachdem seine großen Kriegsschiffe mehrfach gegen Frankreich gekämpft hatten, besaß Heinrich bereits eine Flotte von 30 Schiffen; neun davon waren seit 1512 gebaut worden.

Zum ersten Mal operierte die Marine völlig unabhängig vom Heer, unterstützt durch neue Werften und Lagerhäuser. Neu war auch eine effiziente Marinelogistik, und die Flotte wurde stets einsatzbereit gehalten. Die großen Schiffe wurden regelmäßig instand gesetzt und überholt.

Im Oktober 1515 stieß ein weiteres mächtiges Kriegsschiff zur Flotte. Offiziell bekannt als *Princess Mary* – manchmal auch als *Mary Imperial* – hieß sie im Volksmund einfach „Great Galley“. Nach zeitgenössischen Berichten hatte sie über 200 Geschütze, davon 70 aus

Messing. 14 Geschütze, sieben auf jeder Seite, saßen auf einem Geschützdeck über den Ruderern. Für den Antrieb sorgten 120 Ruder, aber sie hatte auch vier Masten. Sie blieb bis 1536 als Galeasse (ein kombiniertes Ruder-/Segelschiff) im Dienst und wurde dann zum reinen Segelschiff *Great Bark* umgebaut.

Nach dem erneuten Ausbruch der Feindseligkeiten mit Frankreich gab es 1522–1525 wieder Gefechte im Ärmelkanal. Danach war Heinrich mehr mit seinem berüchtigten Privatleben und dem Krieg gegen Schottland beschäftigt als mit der Marine. Erst 1545 gab es wieder Krieg mit Frankreich. Im Juli drangen französische Kriegsschiffe ohne nennenswerte Gegenwehr in die Meerenge zwischen der Insel Wight und dem Festland ein. Der Großteil der englischen Flotte konnte wegen ungünstiger Winde Portsmouth nicht verlassen. Bei diesem Zwischenfall lief am 19. Juli die 1536 umgebaute *Mary Rose* auf Grund und versank mit ihrem Kapitän Sir George Carew und etwa 500 Soldaten und Seeleuten an Bord. Die Franzosen behaupteten, sie versenkt zu haben; in Wahrheit war sie einfach überladen und das Geschützdeck zu nah an der Wasserlinie. Ein kräftiger Windstoß sorgte für starke Schlagseite, und das Wasser lief in die offenen Geschützpforten.

Heinrich VIII. starb am 28. Januar 1547, sechs Monate nach dem endgültigen Frieden mit Frankreich. Er hinterließ eine Flotte und die Mittel zu ihrer Unterhaltung, aber keine Marine mit Offizieren und Seeleuten. Es gab einen Kern von Berufsoffizieren – Kanoniere, Bootsmänner und Zimmerleute – die die Schiffe warteten, wenn sie aufgelegt waren. Dazu kamen der Kapitän, der Navigationsoffizier, ein Koch und ein Zahlmeister auf den einzelnen Schiffen. Die Seeleute wurden je nach Bedarf rekrutiert; viele, aber nicht alle, wurden mit Gewalt zum Dienst gezwungen.

UNTEN: Die *Henri Grâce à Dieu*, auch bekannt als „Great Harry", wurde als Ersatz für die *Regent* in Dienst gestellt, die 1512 im Gefecht verloren ging. Sie lief 1514 vom Stapel.

HENRI GRÂCE À DIEU

Bewaffnung: 21 schwere Bronzekanonen, 130 eiserne Kanonen
Verdrängung: ca. 1000 t
Länge: unbekannt
Breite: unbekannt
Antrieb: Segel
Geschwindigkeit: ca. 6 Knoten
Besatzung: ca. 350 Mann

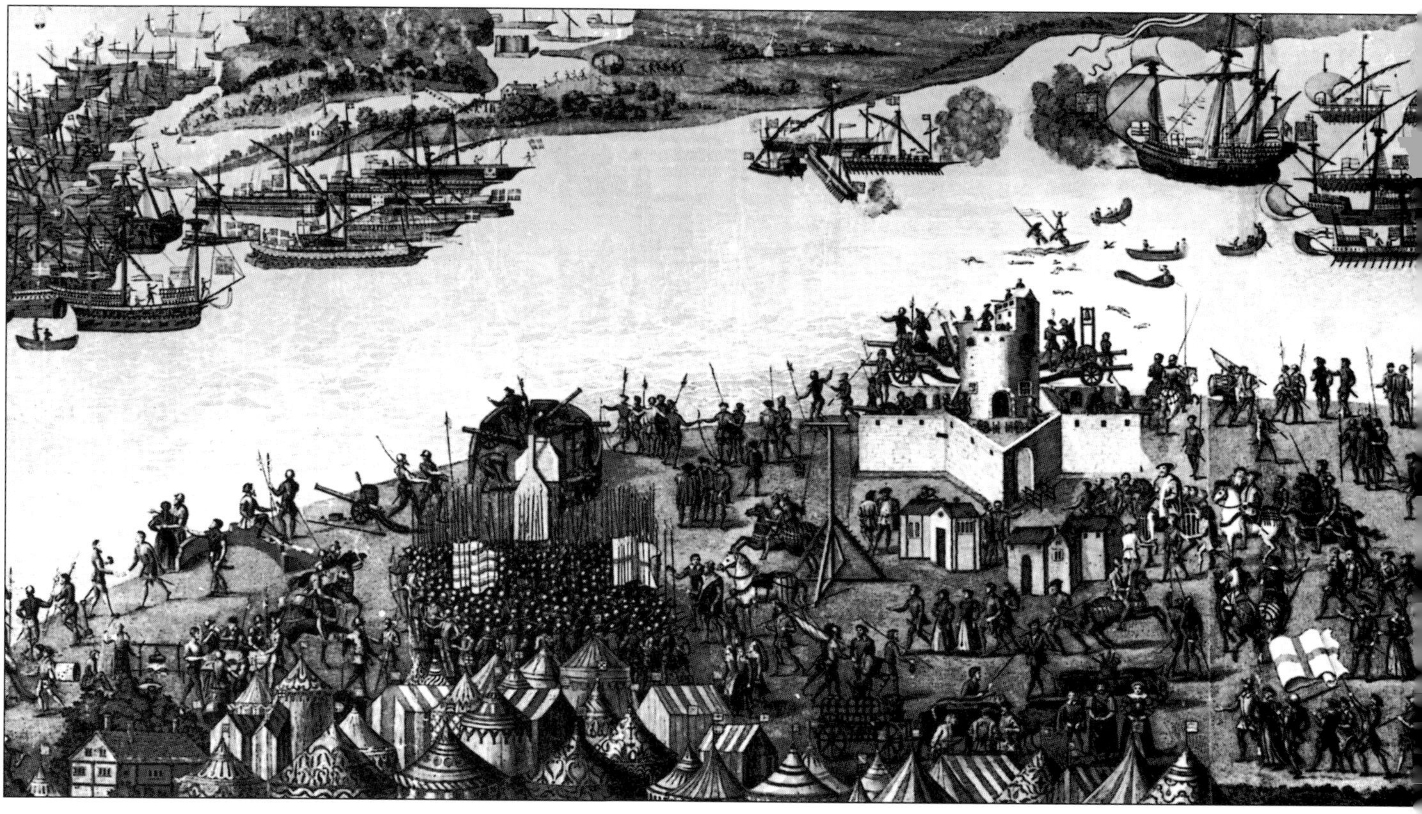

OBEN: Heinrich VIII. begründete die englische Seeherrschaft. Er stellte eine riesige Flotte auf, hier bei einer Parade im Hafen von Portsmouth.

DIE SPANISCHE ARMADA

Während der Herrschaft von Heinrichs Tochter Elizabeth I. wurde die englische Marine auf die härteste Probe gestellt. In den 1580er Jahren startete Philipp II. von Spanien das „Unternehmen England". Er wollte erst die englische Marine zerstören und dann mit Streitkräften, die teils mit der spanischen Armada transportiert wurden und teils über die Niederlande kamen, an der englischen Küste landen. Geplant war diese Invasion für den August 1587.

Elizabeth wusste von diesen Plänen und vergrößerte ihre Marine. Elf neue Schiffe wurden 1586 fertig gestellt, zwei weitere 1587. Darunter waren die *Vanguard*, die *Rainbow* und die *Ark Royal*, alle über 400 t. Elizabeth befahl dem Abenteurer Sir Francis Drake, der schon öfter spanische Handelsschiffe gekapert hatte, einen Präventivschlag gegen die spanische Flotte. Mit einer Flotte von 23 Schiffen griff Drake am 19. April 1587 den spanischen Hafen Cadiz an und zerstörte oder erbeutete 24 spanische Schiffe, darunter einige große Kriegsschiffe, sowie große Mengen an Vorräten und Gerätschaften. Mehrere Monate suchten spanische Kriegsschiffe die Ozeane nach Drakes Geschwader ab. Im Oktober 1587 kehrten sie zurück – die Schiffe vom Wetter gezeichnet, die Vorräte verbraucht und die Mannschaften krank. Sir Francis Drake war längst zurück in England.

Wegen dieser Operation und anderer Umstände verzögerte sich das Auslaufen der Armada. Hätte nicht ihr Anführer, der Herzog von Medina Sidonia, so viel Energie und Willensstärke bewiesen, wäre sie wohl überhaupt nicht ausgelaufen. Er hatte schließlich 130 Schiffe, darunter aber nur 30 richtig bewaffnete Kriegsschiffe. Nur sechs davon hatten mehr als 40 Geschütze, eine Bewaffnung, die für jedes englische Schiff ab 250 t selbstverständlich war. Viele dieser Geschütze waren zudem alt, nicht seetauglich und wurden von Männern bedient, die keine Erfahrung mit der Kriegsführung auf See hatten.

Die Engländer wiederum hatten seit Anfang 1588 ihre Flotte mobilisiert, da sie wussten, dass Drake mit seinem Angriff die Invasion nur herauszögern konnte. Alle verfügbaren Schiffe wurden requiriert, und im Sommer 1588 hatte Admiral Lord Howard of Effingham 197 Schiffe zur Verfügung. Davon gehörten 34 der Queen, weitere 53 Schiffe wurden von der Queen gechartert und 23 Schiffe, ebenfalls gechartert, standen unter dem Kommando von Lord Henry Seymour. Der Rest der Flotte bestand aus privaten Schiffen. So stellte die Stadt London 30 Schiffe zur Verfügung. 34 Schiffe,

die unter dem Kommando von Drake standen, wurden von einzelnen Adligen und wohlhabenden Händlern finanziert.

Anfang 1588 waren die Schiffe noch überall an der englischen Küste verteilt. Auf Drakes Rat hin ließ Lord Howard die Schiffe in Plymouth zusammenziehen. Das dauerte länger als erwartet, und die Engländer hatten Glück, dass der Armada ein weiteres Missgeschick widerfuhr. Wenige Wochen nachdem sie am 18. Mai aus Lissabon ausgelaufen war, geriet sie in einen starken Südweststurm und wurde über das Meer verstreut.

Wegen des Windes konnte auch Howard die Armada nicht bei Coruña angreifen, wo die Schiffe Schutz gesucht hatten. Am 12. Juli 1588 kehrte seine Flotte nach Plymouth zurück, die Vorräte verbraucht und die Schiffe angeschlagen. Dort befand sie sich auch noch, als die Spanier erstmals gesichtet wurden. Die englischen Kapitäne konnten trotz der ungünstigen Winde gerade noch die Meerenge von Plymouth verlassen, und am 20. Juni stießen die beiden Flotten bei dichtem Niesel-

UNTEN: Die *Ark Royal*, Flaggschiff von Lord Howard of Effingham bei der Schlacht mit der spanischen Armada. Ursprünglich war sie für Sir Walter Raleigh in Dienst gestellt worden.

ARK ROYAL

Bewaffnung: ca. 54 eiserne Kanonen
Verdrängung: 800 t
Länge: 88,7 m
Breite: 13,1 m
Antrieb: Segel
Geschwindigkeit: ca. 7 Knoten
Besatzung: ca. 300 Mann

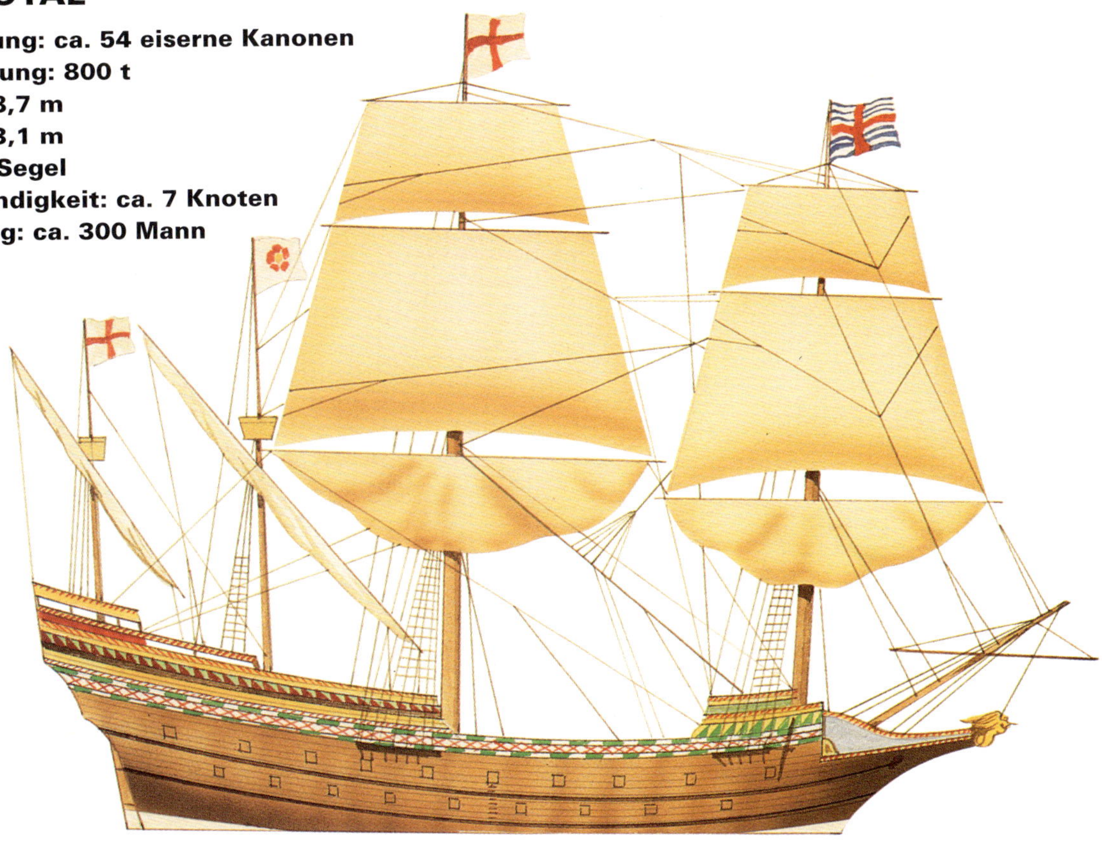

SAN MARTIN

Bewaffnung: ca. 18 große, 20 kleine Kanonen
Verdrängung: ca. 1000 t
Länge: 37,3 m
Breite: 9,3 m
Antrieb: Segel
Geschwindigkeit: ca. 6 Knoten
Besatzung: ca. 150 Mann

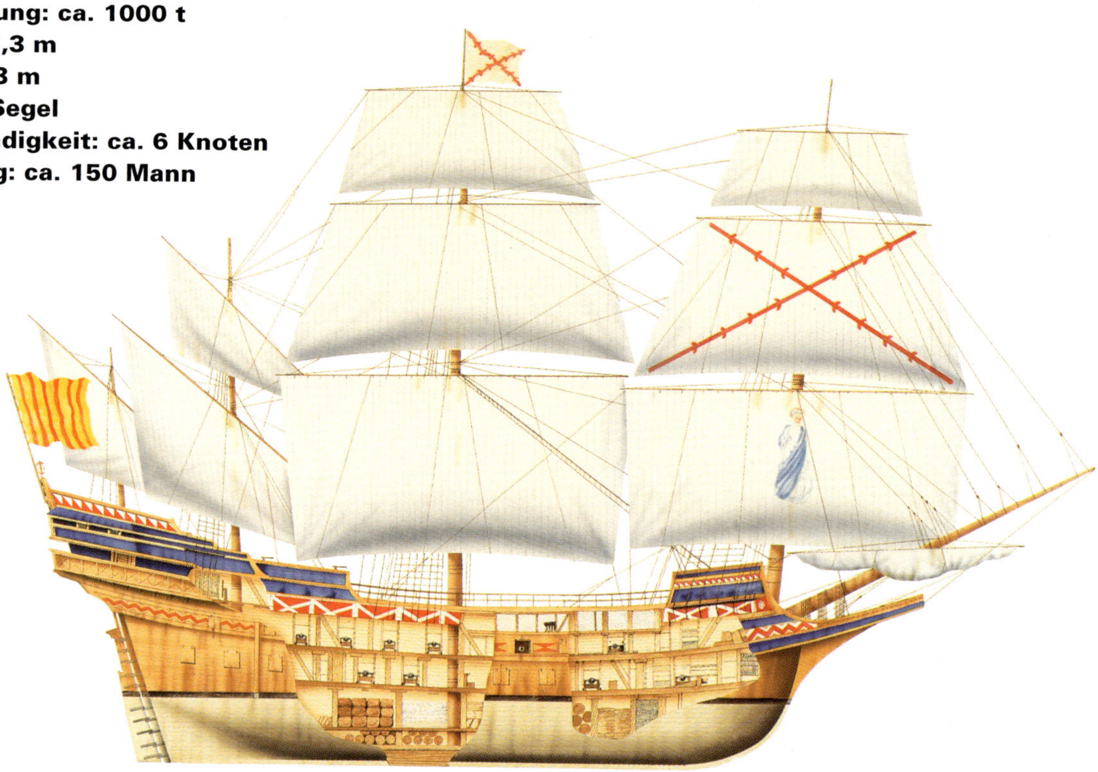

OBEN: Die riesige *San Martin*, Flaggschiff der Armada, segelte voraus, um 1588 die Invasion von England vorzubereiten. Von 130 Schiffen kehrten nur 67 sicher nach Spanien zurück.

regen erstmals aufeinander. Die Armada fuhr in einer Formation, bei der sich die stärksten Schiffe und die Truppentransporter in der Mitte befanden, flankiert von zwei Flügeln. Das war die typische Halbmond-Formation einer Galeerenflotte in Schlachtaufstellung. Zur Eröffnung schickte Lord Howard die Pinasse *Disdain* vor und ließ sie einen einzelnen Schuss abfeuern, sozusagen als Kriegserklärung. Dann griff er mit seinem Geschwader den seewärtigen Flügel der Armada an, während Drake sich den anderen Flügel vornahm. Sie um- fuhren die Flügel mit Kurs auf die besten spanischen Kriegsschiffe, und belegten diese mit Dauerfeuer. Dabei verloren die Spanier zwei ihrer besten Schiffe. Die *Nuestra Señora del Rosario* verlor in einer Kollision Bugspriet und Fockmast, und die *San Salvador* wurde durch explodierendes Pulver schwer beschädigt. Später wurden die *Nuestra Señora del Rosario* und die *San Salvador* erbeutet, erstere durch Francis Drake.

In den folgenden drei Tagen, von Mittwoch bis Freitag, fuhren die Flotten bei einer leichten Brise langsam den Ärmelkanal hinauf. Vor der Insel Wight kam es erneut zu Gefechten. Um eine Landung vor Portsmouth zu verhindern, griffen die Engländer den seewärtigen Flügel der Armada an und zwangen sie damit wieder hinaus auf die See. Die Armada, immer noch intakt und unbesiegt, nahm nun Kurs auf die Niederlande, wo das spanische Heer unter dem Herzog von Parma wartete.

Medina Sidonia hielt sich nicht an den Befehl, das Heer von Parma in Flandern an Bord zu nehmen. Die Spanier hatten nämlich keine Schiffe mit geringem Tiefgang, die an die flämische Küste gelangen konnten. So ankerte der spanische Admiral vor Calais, wo er erfuhr, dass Parmas Heer noch eine Woche Vorbereitung benötigte. Das war für Medina Sidonia eine heikle Lage. Seine Schiffe lagen ungeschützt vor Anker, umgeben von 140 englischen Schiffen ganz in der Nähe Parma war noch 30 Meilen entfernt in Dünkirchen. Die englischen Kommandeure gingen aber davon aus, dass er schon bereit war. Deshalb musste die Armada unter allen Umständen zerstört werden, und zwar so schnell wie möglich.

In der Nacht von Sonntag, dem 28. Juli, setzten die Engländer acht kleine Brander gegen die Armada ein. Zwei wurden geentert und weggeschleppt, der Rest aber bedrohte die spanischen Schiffe, die ihre Taue lösten oder kappten und sich auf die See retteten. Nur Medina Sidonias Flaggschiff und vier weitere Schiffe bildeten so etwas wie eine Formation, alle anderen waren über das Meer verteilt. Howards Schiffe griffen nun gegen den Wind an und rückten bis auf einen „halben Musketenschuss", d. h. etwa 45 m, an die Spanier heran. Dann beschossen sie die Spanier mit ihren schweren Geschützen. Die Schlacht dauerte neun Stunden, bis den Engländern Pulver und Kugeln ausgingen. Die *Maria Juan* wurde versenkt, zwei weitere Schiffe wurden in seichte Gewässer gedrängt und von Holländern gekapert, viele andere mehr oder weniger schwer beschädigt. Die englischen Schiffe hatten aber kaum Schäden erlitten.

Es spricht für den Mut und die Disziplin der Spanier, dass sie wieder eine Gefechtsformation herstellen konnten. Aber das Wetter wurde immer schlechter, und sie wurden unaufhaltsam gegen die Bänke von Seeland getrieben. Am Dienstag, den 30. Juli änderte sich der Wind plötzlich, und sie konnten wieder hinaus auf die Nordsee. Die Engländer verfolgten sie trotz fehlender Munition und fragten sich, in welchem befreundeten Hafen sie Schutz suchen würden. Medina Sidonia hätte sich einfach für Hamburg, Dänemark, Norwegen oder Schottland entscheiden können, er wählte aber den langen und gefährlichen Heimweg nördlich um Schottland. Am 2. August stellten die Engländer auf der Höhe des Firth of Forth die Verfolgung ein. Die gebeutelte Armada musste sich nun mit den Herbststürmen im Nordatlantik auseinander setzen. Es kamen nur noch 67 Schiffe in Spanien an, viele Männer waren tot oder starben später. Einige Kapitäne trauten sich trotz ernster Warnungen an die irische Küste. Fast alle Seeleute ertranken oder wurden getötet und ihre Schiffe zerstört. Mindestens ein Drittel der 29 000 Männer der Armada kehrte nicht zurück. Die Katastrophe versetzte Spanien in tiefe Trauer und markierte einen Wendepunkt in der spanischen Expansion.

Die Schlacht mit der spanischen Armada ist nicht deshalb so wichtig für die Marinegeschichte, weil England gerettet wurde, sondern weil es hier erstmals Geschützduelle über große Entfernungen gab. Die Marineartillerie wurde bereits 1571 bei der Schlacht von Lepanto eingesetzt, als die Venezianer die türkische Flotte zerstörten. Hier war das Ziel aber noch, so viele Ruderer wie möglich in den türkischen Galeeren zu töten. Erst in der Schlacht im Ärmelkanal merkte man, dass man Schiffe mit Geschützfeuer versenken konnte, allerdings nur mit massiertem Feuer auf kurze Entfernung. Auf Entfernungen über 650 m wurde ein hölzerner Rumpf zwar beschädigt, aber kaum durchschossen. Nun war es eine Frage der Wissenschaft, die Geschütze so weit zu verbessern, dass sie auf maximale Entfer-

UNTEN: Die 1637 von König Charles I. in Dienst gestellte *Sovereign of the Seas* war das bis dahin größte Kriegsschiff überhaupt, das in England gebaut wurde.

SOVEREIGN OF THE SEAS

Bewaffnung: 100 Kanonen
Verdrängung: 1141 t
Länge: 38,7 m
Breite: 14,2 m
Antrieb: Segel
Geschwindigkeit: ca. 7 Knoten
Besatzung: ca. 250 Mann

OBEN: Im Gefecht ging es auf Deck recht gefährlich zu. Diese Szene spielte sich 1798 während der Schlacht von Aboukir an Bord des französischen 80-Kanonen-Schlachtschiffs *Tonnant* ab.

nung gegnerische Schiffe zerstören und versenken konnten. Nach der Armada machte die Schiffstechnik den ersten Schritt zur Entwicklung des modernen Schlachtschiffs.

Unter dem schottischen König James VI., der im Jahr 1603 nach dem Tod Elisabeths als James I. ihr Erbe antrat, wurde die Flotte arg vernachlässigt. Die britische Herrschaft zur See wurde nun von Handelsschiffen geprägt und nach der Vereinigung von England und Schottland wurde der Seehandel gemeinsam betrieben. Immerhin stellte James ein neues Kriegsschiff in den Dienst, die von Phineas Pett gebaute *Prince Royal*. Sie war kein besonderer Erfolg. Ihre größte Fahrt führte sie nach Spanien, und schon nach zehn Jahren musste sie zu 75 % ihres Neupreises instand gesetzt werden.

DIE „SOVEREIGN OF THE SEAS"

Obwohl sich Pett mit den Konstruktionsmängeln der *Prince Royal* viel Spott einhandelte, gab Charles I. 1637 Petts Sohn Peter den Auftrag, ein großes Kriegsschiff von 1637 t zu bauen. Die *Sovereign of the Seas* war das größte Schiff, das bis zu diesem Zeitpunkt in England gebaut wurde, und hatte über 100 Geschütze in drei gedeckten Batterien. Sie war der erste Dreidecker überhaupt und großzügig mit Schnitzwerk und anderen Accessoires verziert. Später wurden die Geschützdecks auf zwei reduziert. Die *Sovereign of the Seas* diente ihrer Flotte noch viele Jahre. Als nach dem kurzen Intermezzo von Cromwell die Monarchie wiederhergestellt wurde, erhielt sie den Namen *Royal Sovereign*. Bei der Schlacht von Barfleur gegen Frankreich diente sie 1692 immer noch als Flaggschiff. Fünf Jahre später geriet sie auf dem Medway in Brand und wurde zerstört. Ein unachtsamer Koch hatte eine brennende Kerze vergessen. Da war sie bereits 60 Jahre alt. Aber auch andere Nationen bauten im 17. Jahrhundert prächtige Kriegsschiffe. So lief in Frankreich 1638 die stattliche *La Couronne* vom Stapel.

Während der Herrschaft von Charles I., als die englische Marine hauptsächlich Piraten bekämpfte, wurden die Niederländer zum ernsthaften Konkurrenten im Seehandel. Merkwürdig war nur, dass die Rivalen trotz ihrer Streitigkeiten überall auf der Welt einen gemeinsamen Feind hatten: Spanien, das besonders in Westindien den englischen und niederländischen Interessen im Weg stand.

Einige der heftigsten Gefechte zwischen England und den Niederlanden fanden zwischen 1665 und 1667 in den 100 Meilen der Nordsee statt, die beide Nationen voneinander trennten. Abgesehen von einer kurzen Zeit, als die englische Flotte vom Herzog von York, dem späteren James II., geführt wurde, der vor Lowestoft siegte und das niederländische Flaggschiff zerstörte, lag die Führung in den Händen von General Monck und Prinz Rupert, der sich nicht nur auf See, sondern auch im Bürgerkrieg ausgezeichnet hatte.

Ende Mai 1666 erhielten die Briten die Falschmeldung, die französische Flotte hätte sich den Niederländern angeschlossen. Prinz Rupert machte sich mit der halben englischen Flotte auf, um sie aufzuhalten. Monck musste sich einer klar überlegenen niederländischen Flotte – 80 Schiffe gegen 44 – unter dem brillanten Admiral de Ruyter stellen. Die Schlacht begann am 1. Juni 1666, und am Ende des zweiten Tages erhielt de Ruyter weitere 16 Schiffe. Monck sonderte die am schwersten beschädigten Schiffe aus und schickte sie nach Hause. Das Rückzugsgefecht zu ihrem Schutz dauerte den gesamten dritten Tag. Die Taktik ging zwar auf, aber einen Verlust gab es doch. Der alte Dreidecker *Royal Prince* lief auf dem Galloper Shoal, 30 km vor der Küste von East Anglia, auf Grund und wurde umzingelt. Er wurde von den Niederländern in Brand gesetzt. Die gesamte Kompanie einschließlich Kapitän Sir George Ayscue wurde gefangen genommen.

An diesem Abend sichtete man eine weitere Flotte, die sich vom Ärmelkanal näherte. Es handelte sich um Prinz Rupert, der gerade noch rechtzeitig eintraf, sodass die Briten am vierten Tag mit neuer Kraft angreifen konnten. Dann zog ein dichter Sommernebel auf, der die Schlacht beendete. Während der viertägigen Schlacht hatten die Engländer 17 Schiffe verloren – acht waren gesunken oder verbrannt, neun wurden erbeutet. Dabei kamen 5000 Mann ums Leben und weitere 3000 gerieten in Gefangenschaft.

Zwei Monate später, am 25. Juli 1666, nachdem beide Flotten zu Hause ihre Schiffe instand gesetzt hatten, trafen sie wieder aufeinander, diesmal vor North Foreland, dem östlichsten Punkt von Kent. Jetzt behielten die Engländer die Oberhand und jagten de Ruyter nach Holland. Sie versenkten zwei seiner Schiffe und griffen die Handelsschiffe im Hafen an. Sie zerstörten 150 Schiffe und verbrannten und plünderten Dörfer und Lagerhäuser.

Im Jahr 1667, nach der Pestkatastrophe und dem großen Feuer in London, ließ König Charles, dem das Geld ausging, die Flotte im Medway auflegen. Dieses Unternehmen war ein fataler Fehler. Im Juni blockierte de Ruyter die Mündungen von Themse und Medway. Danach durchbrach er die Verteidigungslinie, bombardierte die Forts, zerstörte zahlreiche Schiffe der englischen Flotte vor Chatham und erbeutete weitere – darunter das Flaggschiff *Royal Charles*. Das war der kühnste und genialste Angriff auf die britischen Inseln seit den

UNTEN: Die HMS *Victory*, auf der Lord Nelson den Tod fand und die sich bei der Schlacht von Trafalgar ewigen Ruhm erwarb. Die ganze britische Nation trauerte um Nelson.

VICTORY

Bewaffnung: 100 Kanonen
Verdrängung: 3500 t
Länge: 69 m
Breite: 15,5 m

Antrieb: Segel
Geschwindigkeit: 10 Knoten
Besatzung: 873 Mann

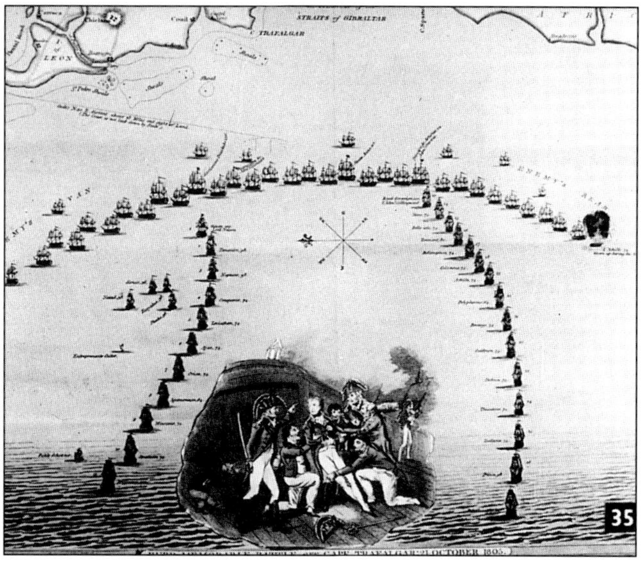

Oben: Die Schlacht von Trafalgar 1805, als die Linie der Spanier und Franzosen, durch die zwei englischen Linien von Nelson und Collingwood durchbrochen wurde.

Tagen der Wikinger. Die Engländer empfanden diese Niederlage als eine sehr große Demütigung.

Die Kriege mit Holland, das den Briten in der Taktik ebenbürtig war, erzwangen den raschen Aufbau der britischen Flotte. Handelsflotte und Marine entwickelten sich nun auf eigenen Wegen. Die Schiffe der Marine wurden direkt als Kriegsschiffe gebaut. Mit einer neuen Taktik operierten sie nun als Geschwader und nicht mehr als einzelne Schiffe. Es wurden auch Signale entwickelt. Die Kommandeure gaben ihre Absichten und Befehle mittels Flaggen bekannt. Männer aus den führenden Schichten des Landes sahen die Marine als Chance und traten sehr früh in den Dienst des Königs ein. Etwa ab 1670 hieß dieser Dienst Royal Navy.

Bis zum Anfang des 18. Jahrhunderts dehnte die Royal Navy ihren Einflussbereich zum Schutz der Handelsschiffe auf die ganze Welt aus. Die Schiffe hatten sich aber kaum verändert. Nur die Schiffe des ersten Ranges konnten an Größe mit der *Royal Sovereign* von Charles I. mithalten, doch davon gab es im 18. Jahrhundert kaum mehr als sechs oder sieben Stück. Sie hatten 100 oder mehr Kanonen zwischen 12 und 32 Pfund. Das untere Geschützdeck war über 61 m lang, und die Besatzung umfasste 875 Offiziere und Seeleute. Der Stückpreis war damals enorm – etwa 100 000 Pfund – sodass eigentlich nie ein Dutzend dieser Schiffe gleichzeitig im Dienst war. Ein Schiff des ersten Ranges konnte mit einer einzigen Breitseite eine halbe Tonne Munition verfeuern.

Die Schiffe des zweiten Ranges waren fast ebenso beeindruckend. Sie hatten in der Regel 90–98 Kanonen auf drei Geschützdecks, und das untere Geschützdeck war 59 m lang. Ihre Besatzung umfasste zwischen 750 und 800 Mann.

Schiffe des dritten Ranges gab es in mehreren Größen, von Zweideckern mit 64 Kanonen bis zu Dreideckern mit 80 Kanonen. Bedient wurden sie von 490 bis 720 Mann. Zur Zeit der Schlacht von Trafalgar stellten sie die Mehrheit der Schiffe in der Royal Navy – 147 von insgesamt 175 Großkampfschiffen. Die Schiffe des vierten Ranges waren etwa 45 m lange Zweidecker mit 50–56 Kanonen. Sie verfügten über 350 Offiziere und Seeleute und dienten hauptsächlich als Flaggschiffe der Kreuzergeschwader in Übersee.

Schiffe des fünften Ranges waren 45 m lange Fregatten mit 250 Mann und einem einzigen Geschützdeck. Sie waren die „Augen" der Flotte und entdeckten den Feind. Sie eigneten sich auch ausgezeichnet als Kaperschiffe. Auf dem Geschützdeck befanden sich 32–40 Kanonen. Schließlich gab es noch Schiffe des sechsten Ranges, flinke Schaluppen von 38 m Länge mit etwa 195 Mann. Schnell und beweglich, eigneten sie sich ausgezeichnet als Geleitschiffe und für Kurierzwecke.

DIE SCHLACHT VON TRAFALGAR

Gegen Ende des 18. Jahrhunderts hatte die Royal Navy nach einigen beeindruckenden Siegen gegen die Franzosen die Herrschaft über die Meere in aller Welt errungen. 1793 erklärten mehrere Nationen unter der Führung von England der jungen französischen Republik den Krieg. Dieser Krieg sollte 22 Jahre dauern und die Royal Navy zu ihrem absoluten Höhepunkt der Machtentfaltung führen. Sie errang zahlreiche Siege in Seeschlachten gegen Frankreich, die schließlich 1805 in der Schlacht von Trafalgar gipfelten.

Das französische Kontingent in der französisch-spanischen Flotte, die vor Kap Trafalgar die britische Flotte angriff, hatte überhaupt keine Schiffe ersten Ranges. Alle acht Schiffe, die vor 1793 existiert hatten, waren in den Kriegen beschädigt worden. Frankreich konnte 18 Linienschiffe (vier mit 80 Kanonen, der Rest mit 74) aufbieten, Spanien 15. Das Flaggschiff der Spanier war die riesige *Santissima Trinidad* mit 130 Kanonen, daneben hatten sie zwei Schiffe mit 112 Kanonen, eines mit 100, zwei mit 80 und eines mit 64. Der Rest verfügte über 74 Kanonen. Gegen diese Flotte trat Nelson mit 27 Linienschiffen an, darunter drei mit 100 Kanonen, vier mit 98, eines mit 80, drei mit 64 und der Rest mit 74 Kanonen. Um dem Feind die Linie zu durchschneiden, plante Nelson, in drei Flotten anzugreifen und die Nachhut und die Hauptkräfte der gegnerischen Flotte zu zerstören, bevor die Vorhut wenden und ihr zu Hilfe eilen konnte. Nelson hoffte, damit große Verwirrung unter den Gegnern zu stiften, um die Überlegenheit der britischen Kanonen und Schiffsführer optimal auszunutzen. Schließlich konnte er nur zwei Flotten bilden, aber auch das sollte genügen.

Die Schlacht begann am 21. Oktober kurz nach Mittag, als die leewärtige Flotte unter Admiral Collingwoods *Royal Sovereign* (100 Kanonen) die französisch-spanische Linie durchbrach und schnell angegriffen wurde. Zeitweise musste sich Collingwood mit fünf gegnerischen Schiffen gleichzeitig auseinandersetzen. Innerhalb einer Stunde griff auch die luvwärtige Flotte von Nelson ein. Die HMS *Victory*, gefolgt von der *Temeraire*, der *Neptune* und der *Britannia*, passierte die *Bucentaure*, das Flaggschiff von Admiral Villeneuve, von achtern. Sie griffen auf kürzeste Entfernung an und sorgten für schwere Verluste unter den Mannschaften. Dann wurde die *Victory* von der *Redoutable* angegriffen. Die beiden Schiffe beschossen sich gegenseitig mit schweren Salven, während Scharfschützen mit ihren Musketen von oben auf die Mannschaften feuerten. Um 13.30 Uhr sah ein französischer Scharfschütze Admiral Nelson auf dem Achterdeck. Er erkannte ihn an den stumpfen Messingsternen und Streifen seiner Uniform. Mit einer Kugel, die in seine Schulter eindrang und in der Wirbelsäule stecken blieb, tötete er ihn. Als Nelson um 16.30 Uhr starb, wusste er bereits, dass er gewonnen hatte. Als die feindliche Vorhut endlich wendete, waren die Hauptkräfte und die Nachhut bereits überwältigt. Die angeschlagene *Bucentaure* hatte sich ergeben, Villeneuve war gefangen und weitere 18 Schiffe, darunter die *Santissima Trinidad*, hatten die Flaggen gestrichen. Andere versuchten sich an die Küste zu retten, darunter auch die französische *Achille*, die Feuer fing und gegen 17.30 Uhr explodierte. Die britische Flotte musste etwa 450 Tote und 1100 Verwundete beklagen. Die Verluste der Spanier und Franzosen beliefen sich etwa auf 14 000 Tote und Verwundete. Viele ertranken erst eine Woche nach der Schlacht, als ihre Schiffe in der stürmischen Biskaya untergingen. Trotz des schlechten Wetters ging kein britisches Schiff verloren. Allerdings sah die Flotte sehr traurig aus, als sie im Hafen von Gibraltar eintraf. Die *Victory* hatte einen Mast verloren und musste von der HMS *Neptune* in den Hafen geschleppt werden.

UNTEN: Das Flaggschiff *Santissima Trinidad* mit seinen 130 Kanonen war Nelsons erstes Ziel bei Trafalgar. Dann wandte er sich dem französischen Flaggschiff Bucentaure zu.

Die Lords der Admiralität mussten nach Trafalgar geglaubt haben, dass die mächtigen Kriegsschiffe der englischen Marine unbesiegbar waren. Die massiven Rümpfe aus Eichenholz mit den imponierenden weißen Segeln waren die Symbole für die britische Herrschaft zur See. Aber schon ein halbes Jahrhundert später sollte das Schlachtschiff sein Aussehen verändern.

Santissima Trinidad

Bewaffnung: 130 Kanonen
Verdrängung: 4500 t
Länge: 61,2 m
Breite: 19,2 m
Antrieb: Segel
Geschwindigkeit: 7 Knoten
Besatzung: 1000 Mann

Kapitel 2

Panzerschiffe

Die Panzerschiffe des 19. Jahrhunderts stellten die ersten modernen Kriegsschiffe dar. Mit den eisernen Panzern und Dampfmaschinen waren es merkwürdige Hybridkonstruktionen mit weniger, aber stärkeren Geschützen. Weniger glorreich als ihre Vorgänger, läuteten sie ein neues Zeitalter in der Kriegsführung auf See ein.

Nach zwei Jahrzehnten im Seekrieg war das Linienschiff auf dem Höhepunkt seiner Entwicklung angelangt. Grenzen waren jetzt nur noch durch den Stand der Wissenschaft und die verfügbaren Baumaterialien gesetzt. 1808 ließ die Royal Navy die *Caledonia* mit 108 Kanonen vom Stapel. Ihr 62,5 m langes Geschützdeck schien zunächst das Maximum zu sein, das sich mit einem einzigen hölzernen Kiel bewerkstelligen ließ. Im Jahr 1813 aber entdeckte der Inspekteur der Royal Navy, Sir Robert Seppings, eine Möglichkeit, die Längssteifigkeit durch diagonale hölzerne Streben und eiserne Versteifungen zu erhöhen. Von nun an hatten alle britischen Großkampfschiffe auch einen Teil Eisen in ihrem Rumpf. Außerdem wurden Bug und Heck umgestaltet, verstärkt und mehr abgerundet. Unterdessen hatte ganz im Stillen eine Revolution stattgefunden. Ausgelöst hatte sie die unscheinbare *Charlotte Dundas*, die ab 1801 im Forth and Clyde Canal Lastkähne schleppte. An ihr war eigentlich nur ein einziges besonderes Merkmal – sie war der erste erfolgreiche Dampfer der Welt.

LINKS: Die HMS *Warrior* von 1860 verfügte über 68-Pfünder, die jede Panzerung durchbrachen und mit verheerender Wirkung detonierten.

Hätte es nicht den Krieg mit Napoleon gegeben, wäre die Entwicklung des Dampfers wohl schneller vorangeschritten. Im Jahr 1812 schließlich begründete die *Comet* einen Passagierdampferdienst auf dem Clyde. Zwei Jahre später fuhr die ebenfalls am Clyde gebaute *Margery* an der englischen Ostküste nach London, wo sie auf der Themse ihren Dienst aufnahm. 1816 überquerte die *Elise* als erster Dampfer den Ärmelkanal, und schon 1818 wurde ein regelmäßiger Dampfschiffdienst zwischen Greenock am Clyde und Belfast eingerichtet. Dann ging alles ganz schnell: im Jahr 1825

Oben: Schiffe wie die HMS *Caledonia* aus den 1850er Jahren waren Hybridkonstruktionen, die noch über Segel und die Geschützpforten ihrer Vorgänger verfügten.

schaffte der 470-Tonner *Enterprise* die Strecke von England nach Kalkutta in 113 Tagen, zwei Drittel davon unter Dampf. 1827 machte die in Dover für die niederländische Marine gebaute *Curaçao* eine Reihe von Fahrten von Holland nach Westindien. Die Royal Navy hingegen hatte kein Interesse an Dampfmaschinen, sie benutzte in den 1820er Jahren allenfalls Schlepper, um die Schiffe bei ungünstigen Winden aus den Häfen zu ziehen. Schließlich setzte sie ihre Schiffe in aller Welt ein und hätte zu diesem Zweck zahlreiche Stützpunkte mit Kohle versorgen und dann auch verteidigen müssen. Es gab aber auch noch einen anderen Grund: Nach 1815 wurden keine neuen Kriegsschiffe auf Kiel gelegt, weil man noch zahlreiche halbfertige Rümpfe in den Werften stehen hatte. Erst gegen Ende der 1820er Jahre wurden neue Kriegsschiffe ersten Ranges auf Kiel gelegt. Es handelte sich um die *Trafalgar*, *Prince Regent*, *Royal George*, *Neptune*, *Royal William*, *Waterloo* und *St. George* mit jeweils sechs 60-Pfündern, dazu 114 32-Pfündern und einer Besatzung von 900 Mann.

Ein Mann hat ganz besonders dazu beigetragen, die Admiralität der Royal Navy von der Dampfmaschine zu überzeugen: der Ingenieur Isambard Kingdom Brunel, der Mitte des 19. Jahrhunderts die drei großen Handelsschiffe *Great Western*, *Great Eastern* und *Great Britain* gebaut hatte. Die *Great Britain* war die fortschrittlichste und hatte sogar eine Schiffsschraube anstelle des üblichen Schaufelrads. Die Idee stammte freilich nicht von Brunel, die Schiffsschraube war bereits patentiert und 1838 an dem kleinen Dampfer *Archimedes* erprobt worden. Er trug den Namen des griechischen Erfinders, der 200 v. Chr. die Schraube zur Wasserförderung entwickelt hatte. Trotz einiger Kinderkrankheiten und des Bruchs ihrer ersten Schraube schaffte die *Great Britain* vier Fahrten nach New York. Sie war komplett aus Eisen gebaut und 98 m lang, halb so lang wie die üblichen Kriegsschiffe.

Brunel schrieb einen langen Bericht über die Schiffsschraube, während die *Great Britain* im Bau war. Er wurde von den Admiralen geprüft, die schnell erkannten, dass die Schiffsschraube ein Argument gegen dampfgetriebene Kriegsschiffe aus der Welt schaffte, nämlich die Tatsache, dass die Schaufelräder den Geschützen an der Breitseite im Weg standen. Mit Hilfe von Brunel ließ die Admiralität die *Rattler*, eine kleine Schaluppe mit Dampfmaschine, zu Versuchszwecken bauen. 1845 trat sie gegen einen Schaufelraddampfer gleicher Größe zu einem Wettkampf an und gewann den Vergleich. Am Ende zog sie den Schaufelraddampfer trotz aller Gegenwehr einfach weg. Im November

Rechts: Der alte Dampfsegler *Duke of Wellington*, hier bereits als Schulschiff. In dieser Funktion war er zwischen 1863 und 1904 im Dienst.

des gleichen Jahres wurde die noch nicht fertig gestellte drittrangige *Ajax* auf Dampf umgerüstet. Am 23. September 1846 unternahm sie ihre Jungfernfahrt als erster hochseetüchtiger Dampfer der Marine. Kurz darauf stieß ihr Schwesterschiff *Edinburgh* zur Flotte.

ERSTE SCHLACHTSCHIFFE MIT DAMPFMASCHINEN

1848 lief die französische *Napoleon* vom Stapel, das erste Schlachtschiff, das von vornherein als Dampfer konstruiert war. Zwei Jahre später reagierte England mit der *Agamemnon*, bei der es sich aber nur um ein Segelschiff mit Hilfsmaschine handelte. Im Jahr 1853 erschien die *Duke of Wellington*, die der *Napoleon* ähnelte und eine 2000-PS-Maschine hatte. Danach erhielten alle neuen Kriegsschiffe Maschinen und Schrauben, auch einige ältere wurden umgerüstet. Es handelte sich aber immer nur um Hilfsmaschinen, in erster Linie verließen sich diese Schiffe immer noch auf ihre Segel. Die älteren Marineoffiziere stemmten sich gegen jede Änderung. Das sollte sich erst mit dem Krimkrieg ändern. Obwohl die Russen keine Marine hatten, die mit der Royal Navy mithalten konnte, stellte Letztere schnell fest, dass Schiffe mit Maschinen viel nützlicher und wendiger waren, wenn es darauf ankam, dem Feuer der Küstenbatterien an der Ostsee und am Schwarzen Meer auszuweichen.

Auch die Schiffsartillerie erfuhr in der ersten Hälfte des 19. Jahrhunderts eine Revolution. Im Jahr 1822 veröffentlichte der französische Artillerist Henri Paixhans eine Abhandlung darüber, wie die durch den langen Krieg mit England angeschlagene französische Marine auch ohne ein umfassendes Schiffbauprogramm mit der Royal Navy gleichziehen konnte. Seine Lösung bestand darin, die seit Jahrzehnten bekannte, hohle gusseiserne Mörserbombe auch in der Schiffsartillerie einzusetzen.

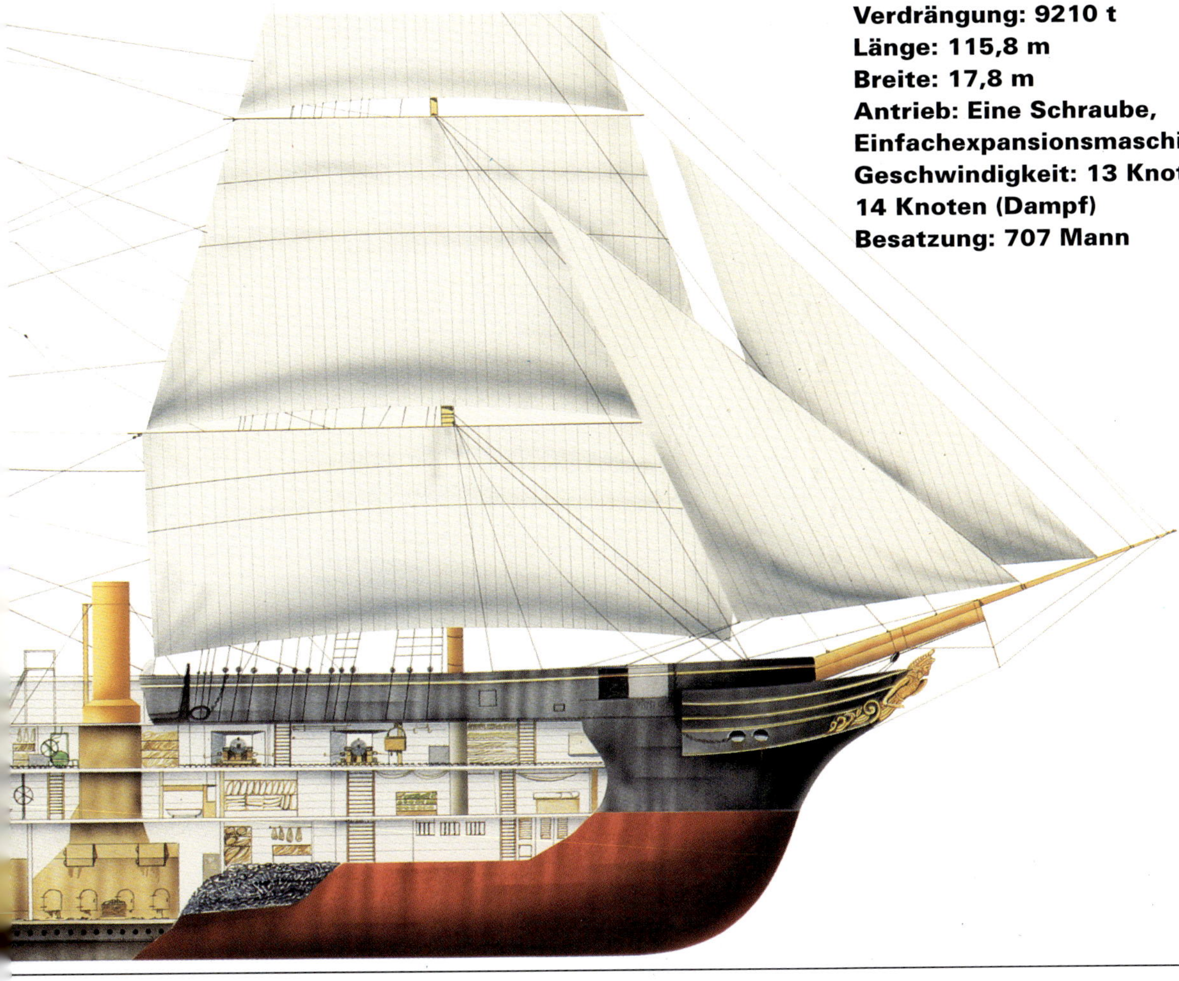

WARRIOR

Bewaffnung: Zehn 100-Pfünder, vier 70-Pfünder, 26 68-Pfünder
Verdrängung: 9210 t
Länge: 115,8 m
Breite: 17,8 m
Antrieb: Eine Schraube, Einfachexpansionsmaschine
Geschwindigkeit: 13 Knoten (Segel), 14 Knoten (Dampf)
Besatzung: 707 Mann

OBEN: Die *Warrior* und die *Black Prince* waren die ersten seetüchtigen Kriegsschiffe mit eisernem Rumpf. Sie sollten stärker und schneller als die anderen Kriegsschiffe sein.

Wenn ein solches Geschoss durch einen hölzernen Rumpf drang, würde es mit gewaltiger Kraft detonieren und ein unkontrollierbares Feuer auslösen, das wiederum zu einer enormen Explosion führen würde. Die Franzosen erinnerten sich noch gut daran, wie Admiral Brueys Flaggschiff *L'Orient* im August 1798 bei der Schlacht am Nil durch eine ungeheure Explosion zerstört wurde. Die Briten kamen auf die gleiche Idee, und beide Marinen machten zur gleichen Zeit Versuche mit den Sprenggeschossen. Die Franzosen gaben 1824 das neue Sprenggeschoss für den 55-Pfünder heraus, während die Briten zwei Jahre später eigene Sprenggeschosse für den bewährten 68-Pfünder entwickelt hatten. Beide Marinen setzten weiterhin Massivgeschosse ein, denn diese waren über große Entfernungen genauer. So hatten zum Ende der 1830er Jahre die meisten Schiffe eine Mischung aus 60 % Massivgeschossen und 40 % Sprenggeschossen. Die Sprenggeschosse wurden durch eine hölzerne Lunte ausgelöst, die durch den Blitz der Schwarzpulverladung beim Abfeuern der Kanone in Brand gesetzt wurde. So wurde die Detonation verzögert, bis das Geschoss in sein Ziel einschlug. Der nächste Schritt im Wettrüsten ließ nicht auf sich warten: Frankreich entwickelte ein Schiff, das solchen Geschossen widerstehen konnte. Es handelte sich um die auf Grundlage der *Napoleon* gebaute *Gloire* mit einer Panzerung von 110–120 mm. Sie wurde im Jahr 1858 begonnen und war damit das erste gepanzerte Linienschiff der Welt.

England antwortete 1859 mit der *Warrior*, die der *Gloire* in fast jeder Hinsicht überlegen war. Dieses erste seetüchtige gepanzerte Kriegsschiff mit Eisenrumpf

hatte eine 114 mm starke Panzerung auf einer 457 mm starken Unterfütterung aus Teakholz. Sie wurde zunächst mit Vorderladern unterschiedlicher Kaliber ausgerüstet. Diese waren aber mechanisch noch nicht ausgereift, was gelegentlich tödliche Folgen für die Besatzung hatte. 1867 erhielt sie 28 178-mm- und vier 203-mm-Hinterlader. Sie hatte eine Besatzung von 707 Mann und eine Verdrängung von 9210 t. Ihr Schwesterschiff *Black Prince* lief 1861 vom Stapel.

DIE „KÄSESCHACHTEL AUF DEM FLOSS"

Inzwischen gab es einen weiteren Konkurrenten. Im Jahr 1861 hatte die US-Regierung nach dem Ausbruch des Bürgerkriegs den Bau von drei Panzerschiffen angeordnet. Eines davon, die von John Ericsson entwickelte *Monitor*, war wirklich revolutionär. Sie hatte einen einzigen Geschützturm mit zwei 280-mm-Geschützen auf einem flachen Deck. Es handelte sich um das erste Kriegsschiff ohne Takelung und Segel, was ihr den Spitznamen „Käseschachtel auf einem Floß" einbrachte. Am 9. März 1862 kam es in Hampton Roads zu der berühmten Schlacht mit dem Panzerschiff *Virginia* der Konföderierten. Nach dieser Schlacht waren alle ungepanzerten Kriegsschiffe auf einen Schlag überholt. Die *Monitor* kam praktisch ohne Schäden davon und hatte das Gefecht voll im Griff. Nach diesem Erfolg wurden weitere Panzerschiffe auf Kiel gelegt, die an der Atlantikküste und im Golf von Mexiko mehrere Schlachten gegen die Schiffe der Konföderierten führten. Was am Ende des Krieges noch nicht fertig gestellt war, wurde verschrottet oder verkauft.

Nach dem Bürgerkrieg ließ das Interesse an der Marine nach und man begnügte sich mit der „Monitor"-Klasse für die Küstenverteidigung, weil man sich andere Zwecke nicht vorstellen konnte. Erst in den 1880er Jahren machten sich die Vereinigten Staaten wieder an den Bau richtiger Kriegsschiffe. Frankreich hingegen hatte Interesse an neuartigen Kriegsschiffen und kaufte

OBEN: Die 279,4-mm-Dahlgren-Kanone, hier auf einer Gleitlafette auf einem Schiff der Union im amerikanischen Bürgerkrieg, war eine mächtige Waffe.

RECHTS: Schiffe der Süd- und Nordstaaten während des Bürgerkriegs im Gefecht bei Hampton Roads. Links im Vordergrund die USS *Monitor* und die CSS *Virginia*.

1867 die beiden amerikanischen Schiffe *Dunderberg* und *Onondaga*. Erstere nahm als *Rochambeau* während des Krieges zwischen Frankreich und Preußen im Jahr 1870 an der Blockade preußischer Häfen teil. Nach diesem Krieg wurde der Haushalt der französischen Marine radikal zusammengestrichen, und man beschränkte sich auf die Verteidigung.

DIE SCHLACHT VON LISSA

Italien gründete 1860 seine Marine und bestellte im Ausland eine Reihe von Panzerschiffen. Zu den wichtigsten zählte das 4376-t-Turmschiff *Affondatore* mit zwei einzelnen Türmen an Bug und Heck. Sie kam gerade rechtzeitig für den Krieg gegen Österreich im Jahr 1866, der am 20. Juli in der Schlacht von Lissa gipfelte. Diese Schlacht war von historischer Bedeutung. Es war nicht nur die erste in europäischen Gewässern seit Trafalgar, sondern auch die erste Schlacht zwischen seetüchtigen Panzerschiffen.

Die österreichisch-ungarische Flotte unter Konteradmiral Wilhelm von Tegethoff war technisch unterlegen, denn nur sieben von 27 Schiffen waren Panzerschiffe. Die Italiener unter Graf Carlo Pellion de Persano hatten 12 gepanzerte von 34 Schiffen. Außerdem hatten die Österreicher überwiegend alte Vorderlader und konnten den 200 modernen Geschützen mit gezogenen Rohren der Italiener nur 74 entgegensetzen.

DEVASTATION

Bewaffnung: Vier 305-mm-Geschütze
Verdrängung: 9330 t
Länge: 87 m
Breite: 20 m
Antrieb: Zwei Schrauben
Geschwindigkeit: 13,8 Knoten
Besatzung: 358 Mann

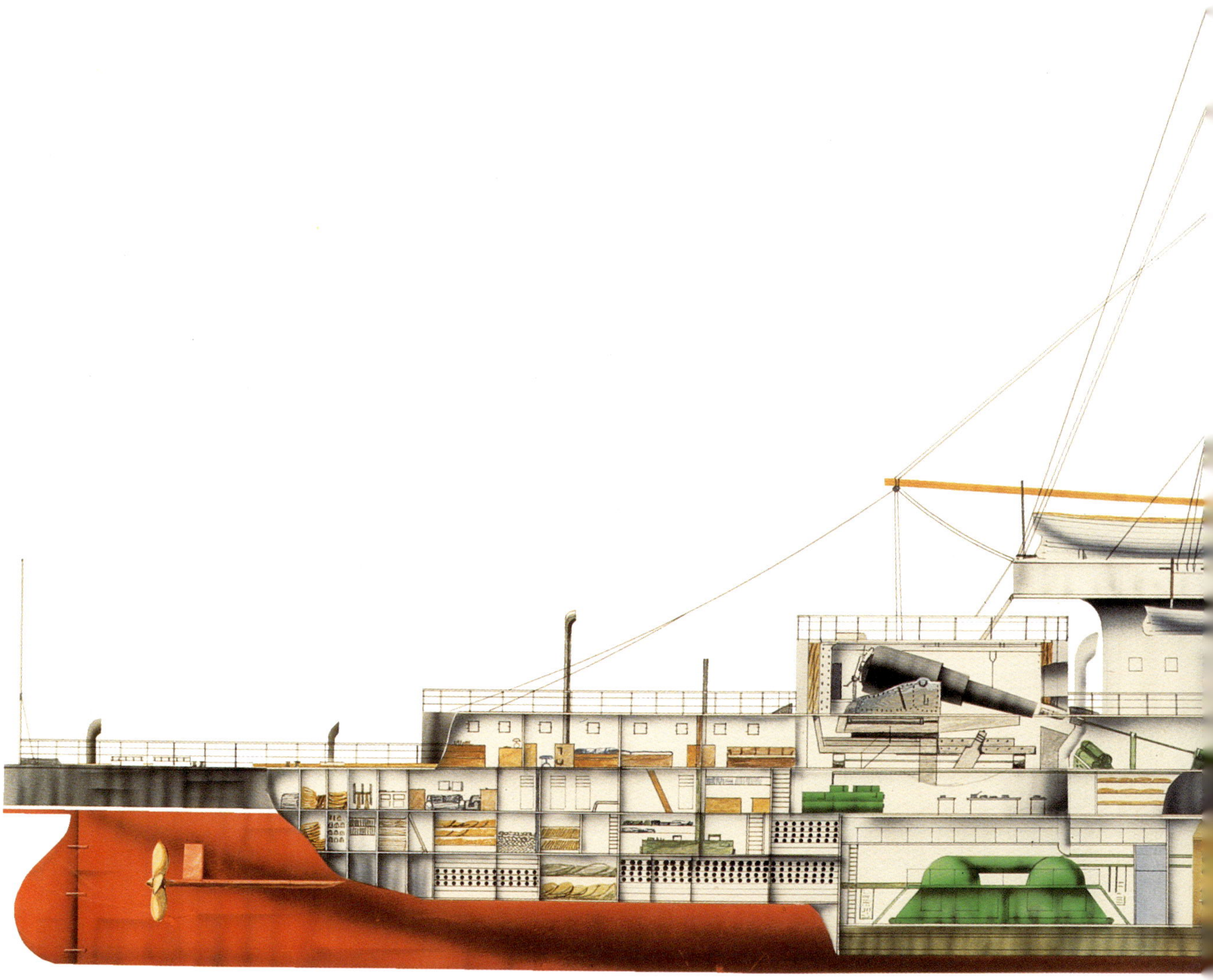

OBEN: Ohne Segel, Masten und Takelung wurde die HMS *Devastation* bei ihrem Stapellauf 1868 noch belächelt. Sie war einfach zu modern für ihre Zeit.

So musste sich von Tegethoff für eine kühne Taktik entscheiden. Er ließ seine Kapitäne aus nächster Nähe angreifen, damit die alten Vorderlader die Panzerung durchdringen konnten, und befahl ihnen, die italienischen Schiffe so häufig wie möglich zu rammen. Seine drei Divisionen griffen in pfeilförmiger Formation an und konnten die italienische Linie durchbrechen. Die österreichische *Kaiser*, ein Zweidecker mit 90 Kanonen, hölzernem Rumpf und eisernen Aufbauten lieferte sich ein erbittertes Gefecht mit der *Affondatore*, und wurde von 250-mm-Geschossen durchlöchert. Dann versuchte sie die Panzerfregatte *Re di Portogallo* zu rammen und verlor dabei Bugspriet, Fockmast und Schornstein. Nach weiteren Treffern musste sie sich mit

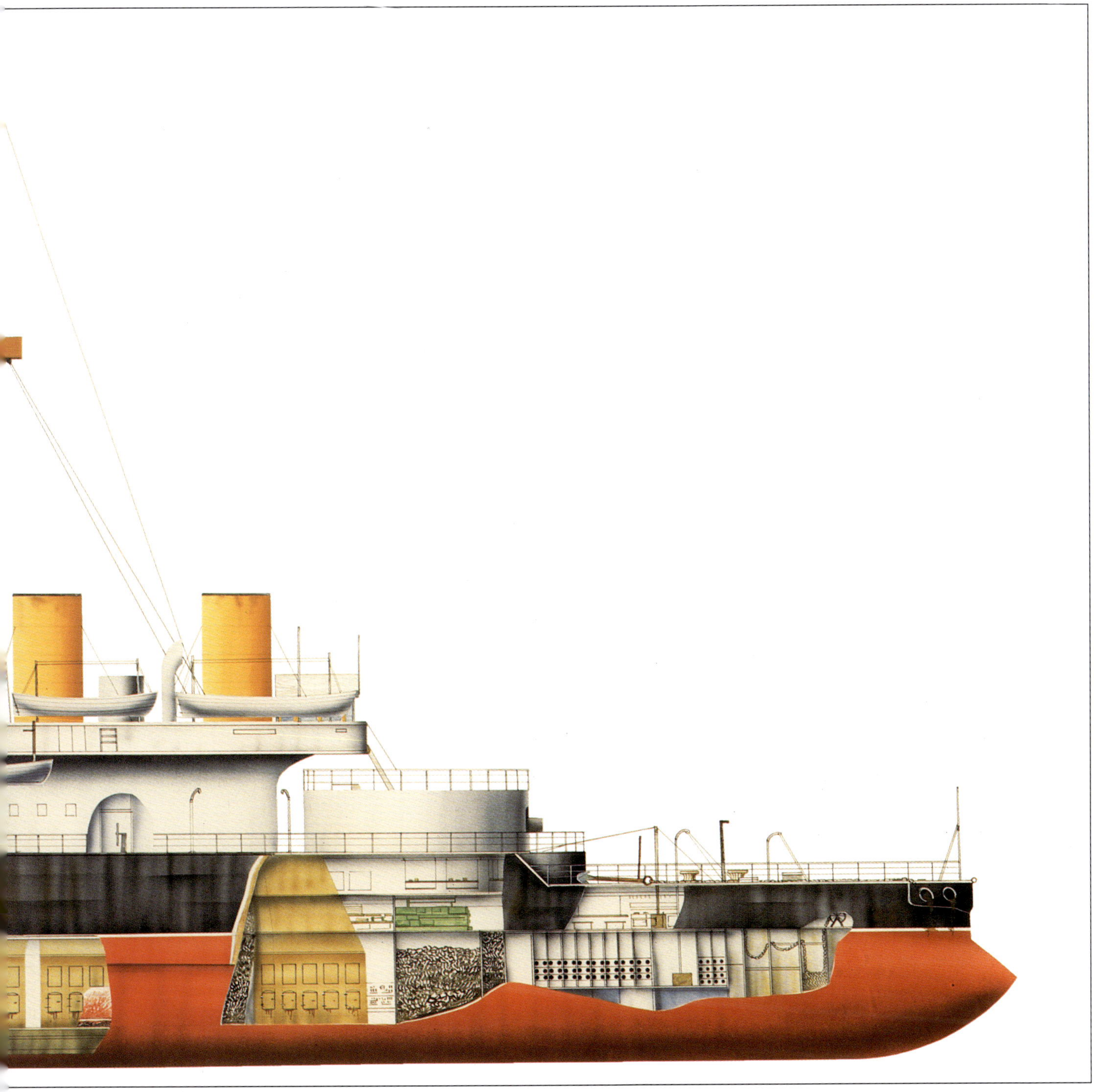

61 Gefallenen an Bord zurückziehen. Kurz darauf griff die Panzerfregatte *Ferdinand Max* mit 18 Kanonen – das Flaggschiff von Tegethoff – die italienische Fregatte *Re d'Italia* an, die nach einem Treffer am Ruder manövrierunfähig war. Sie wurde gerammt, kenterte und versank mit 383 Mann an Bord. Das war der entscheidende Moment. Der italienische Kommandeur zog sich zurück und überließ den Österreichern den Sieg. Neben der *Re d'Italia* hatten die Italiener auch noch das kleine Panzerschiff *Palestro* verloren, das bereits vorher von der *Ferdinand Max* angegriffen worden und explodiert war. Die Italiener mussten insgesamt 682 Gefallene und 153 Verwundete beklagen, auf österreichischer Seite waren es nur 28 Gefallene und 138 Verwundete.

Allerdings wirkte sich die Schlacht von Lissa negativ auf die Entwicklung des Schlachtschiffs aus. Die wichtigsten Seemächte hatten den Verlust der *Re d'Italia* genau verfolgt und glaubten, dass das Rammen wirksam

COLLINGWOOD

Bewaffnung: Vier 305-mm- und sechs 152-mm-Geschütze
Verdrängung: 9500 t
Länge: 99 m
Breite: 21 m
Antrieb: Zwei Schrauben, hängende Verbundmaschine
Geschwindigkeit: 17 Knoten
Besatzung: 498 Mann

OBEN: Die 1879 auf Kiel gelegte HMS *Collingwood* sollte im nächsten Vierteljahrhundert den Standard für Kriegsschiffe setzen.

und Erfolg versprechend sei. Dabei übersahen sie, dass die *Re d'Italia* manövrierunfähig gewesen war. So wurden in den folgenden Jahren zahlreiche Schlachtschiffe mit schwerem verstärkten Rammbug gebaut, und die Marinen verschwendeten viel Zeit damit, das Rammen zu üben. Dabei konnte man aus der Schlacht von Lissa ganz andere Schlussfolgerungen ziehen. Es waren nämlich Tausende von Geschossen abgefeuert worden, ohne dass dabei ein einziges Schiff durch einen Treffer versenkt worden war, nicht einmal die *Palestro*, die durch ein Feuer und eine Explosion zerstört wurde.

DIE ERSTEN TURMSCHIFFE

Bis 1869 hatte die Royal Navy bereits 38 Dampfschiffe im Dienst oder im Bau. Die ersten Schiffe dieser Art waren Panzerschiffe mit den üblichen Geschützen an der Breitseite. 1864 lief die *Prince Albert* mit 3880 t vom Stapel, deren Geschütze in vier Türmen auf der Mittellinie saßen. Bei anderen Schiffen waren alle Geschütze in einer zentralen Batterie angeordnet. Sie alle hatten noch Segel, erst 1868 legten die Engländer ein Schiff auf Kiel, das allein durch seine Dampfmaschinen angetrieben wurde. Es handelte sich um die *Devastation*, deren Konstruktion von den konservativen Marineoffizieren nicht ernst genommen wurde. Sie wurde 1873 fertig gestellt und hatte vier 305-mm-Vorderlader in Geschütztürmen. Angetrieben wurde sie von direkt wirkenden Tauchkolbenmaschinen mit acht rechteckigen Kesseln und zwei Schrauben. Sie hatte eine Verdrängung von 9330 t und eine Besatzung von 358 Mann. Ihr Schwesterschiff war die *Thunderer*.

Die konservativen Offiziere fanden viel mehr Gefallen an der 1870 fertig gestellten *Captain*. Es handelte sich um ein Turmschiff mit einer Verdrängung von 7767 t und ähnlichen Maschinen wie bei der *Devastation*. Sie hatte aber eine volle Besegelung und einen entscheidenden Nachteil. Das Baumaterial war nämlich zu schwer, und deshalb lag sie zu tief im Wasser. Das Freibord betrug nur 2 m anstelle der geplanten 2,6 m, was an sich auch schon zu knapp war. Am 7. September 1870, nur neun Monate nach ihrer Fertigstellung, kenterte sie und versank in der stürmischen Biskaya. 473 Mann der Besatzung kamen ums Leben, darunter auch ihr Konstrukteur Captain Cowper Coles. Nach dieser Katastrophe verloren die Marinen doch ihr Interesse an Segelschiffen.

Der Geschützturm hatte sich inzwischen etabliert, aber erst gegen Ende der 1870er Jahre kehrte die Royal Navy zum Konzept des Hinterladers zurück. Die ersten britischen Schlachtschiffe mit Hinterladern in Geschütztürmen waren die *Colossus* und die *Edinburgh*. Beide wurden bereits 1879 auf Kiel gelegt, benötigten aber zehn Jahre zur Fertigstellung, denn es gab starke Verzögerungen bei der Lieferung der Geschütze. Die Schiffe hatten vier 305-mm-Geschütze in zwei zentralen Türmen mittschiffs sowie eine Nebenbewaffnung von fünf 152-mm-Geschützen. Die Verdrängung lag jeweils bei 9150 t, die Besatzungen bei 396 Mann. Es handelte sich außerdem um die ersten britischen Schlachtschiffe mit Verbundpanzerung anstelle der üblichen eisernen Verkleidung.

Aber erst die 1880 auf Kiel gelegte *Collingwood* sollte eine Trendwende im Bau der britischen Schlachtschiffe herbeiführen, die ein Vierteljahrhundert lang aktuell bleiben würde. Die Hauptbewaffnung, bestehend aus vier 305-mm-Geschützen und saß in Zwillingsbarbetten an Bug und Heck. Dieses Konzept stammte aus Frankreich. Die Barbetten bestanden aus einer Drehscheibe innerhalb eines kurzen vertikalen Zylinders, und die Geschütze feuerten über eine niedrige gepanzerte Brüstung. Die ersten Barbetten hatten noch keinen Schutz von oben, der aber später nachgerüstet wurde.

Die ebenfalls in den 1880er Jahren gebauten Barbettenschiffe *Anson*, *Benbow*, *Camperdown*, *Howe* und *Rodney* aus der „Admiral"-Klasse hatten eine schwere Bewaffnung aus vier 343-mm- und sechs 152-mm-Geschützen sowie zahlreiche kleinere Waffen. Nur bei der *Benbow* bestand die Hauptbewaffnung aus zwei 413-mm-Geschützen. Der Panzergürtel war bis zu 457 mm stark, die Barbetten bis zu 355 mm. Möglich wurde dies durch den vermehrten Einsatz von Flussstahl anstelle von Gusseisen.

Die *Camperdown* errang am 22. Juni 1893 einen zweifelhaften Ruhm, als sie vor der syrischen Küste unabsichtlich das Schlachtschiff *Victoria*, das Flaggschiff von Vizeadmiral Sir George Tryon, rammte und versenkte. 358 Mann von 430, darunter auch Tryon, verloren bei diesem Unglück ihr Leben. Die *Victoria* war erst im Jahr 1890 fertig gestellt worden und war das erste Schlachtschiff überhaupt mit Dreifachexpansionsmaschinen.

ITALIEN GEHT IN FÜHRUNG

Inzwischen hatte Italien die anderen Marinen mit den wohl schnellsten, größten und stärksten Schlachtschiffen ihrer Zeit geschockt. Die „Duilio"-Klasse wurde von dem begabten Marineingenieur Benedetto Brin entwickelt und verfügte über eine Hauptbewaffnung von vier 457-mm-Geschützen in Zwillingstürmen. Die Geschütze selbst stammten von der britischen Firma Armstrongs und wogen jeweils 100 t. Zunächst hatte man beabsichtigt, 380-mm-Geschütze, ebenfalls von Armstrongs, zu installieren, aber die italienische Marine verlangte größere Geschütze. So musste Brin seine Konstruktion überarbeiten, um die schwereren Geschütze unterzubringen. Die *Duilio* lief im Mai 1876 vom Stapel und wurde erst 1880 fertig gestellt. Es hatte nämlich zunächst Probleme gegeben, als eines der riesigen Geschütze bei Versuchen explodierte. Ihr Schwesterschiff *Dandalo* lief im Juli 1878 vom Stapel und wurde im April 1882 fertig gestellt.

Brin war sich darüber im Klaren, dass die „Duilio"-Klasse noch zahlreiche Mängel hatte und verbesserte seine Konstruktion. Dabei setzte er auf Geschwindigkeit anstelle von Panzerung. Das Ergebnis waren die beiden Schiffe der „Italia"-Klasse, die *Italia* und die *Lepanto*. Sie hatten eine Bewaffnung, die aus vier 430-mm-Hinterladern in einer schwer gepanzerten Barbette bestand. Als sie aber 1885 bzw. 1887 fertig gestellt waren, waren sie dank neuer Entwicklungen schon wieder überholt. Nun gab es Explosivgeschosse und Schnellfeuerkanonen.

UNTEN: Die *Duilio* und ihr Schwesterschiff *Dandalo*, beide 1873 auf Kiel gelegt, waren die größten, stärksten und schnellsten Schlachtschiffe ihrer Zeit.

DUILIO

Bewaffnung: Vier 457-mm-Geschütze
Verdrängung: 11 138 t
Länge: 109 m
Breite: 19,7 m
Antrieb: Zwei Schrauben, hängende Verbundmaschinen
Geschwindigkeit: 15 Knoten
Besatzung: 420 Mann (später 515)

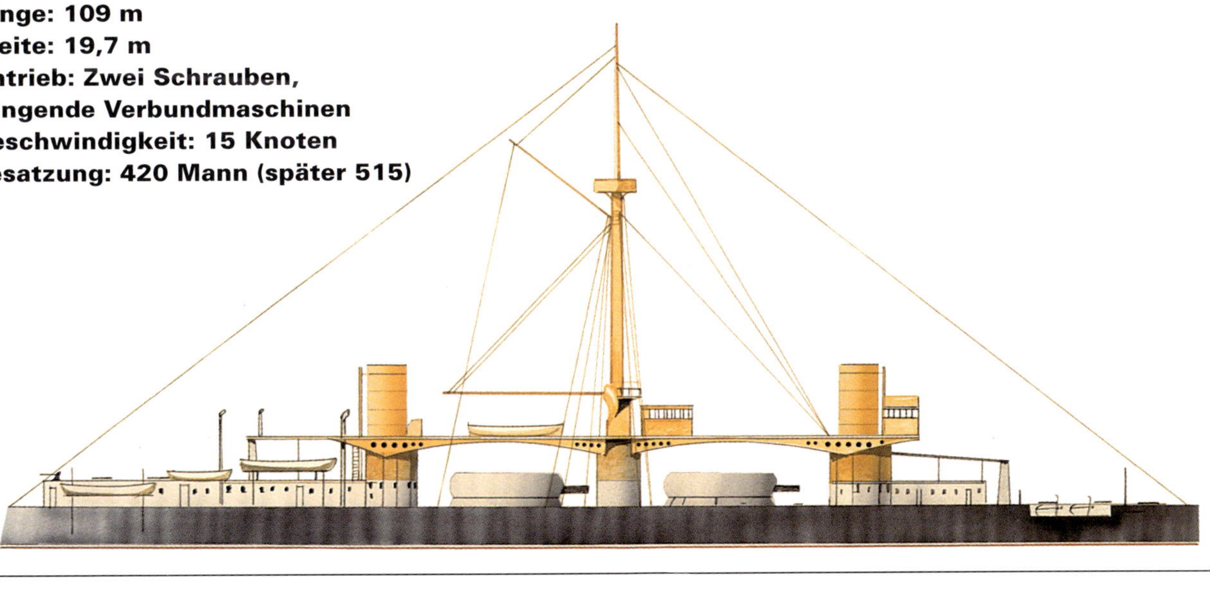

Kapitel 3

Großkampfschiffe aus Stahl

Am Ende des 19. Jahrhunderts dominierte die britische Royal Navy die Weltmeere. Die Vorherrschaft wurde aber durch neue Konkurrenten aus Deutschland, USA, Japan und Russland gefährdet. Der Imperialismus war auf seinem Höhepunkt, und die überseeischen Besitzungen wurden durch immer schnellere und stärker bewaffnete Kriegsschiffe gesichert.

In den letzten beiden Jahrzehnten des 19. Jahrhunderts hatte Großbritannien zweifellos die Herrschaft über die Weltmeere. Neue Ideen und Erfindungen jagten sich so schnell, dass oft ein neues Schiff schon vor dem Stapellauf überholt war. Die britische Marinepolitik verfolgte eine „Zwei-Mächte-Taktik": Das bedeutete, dass die Royal Navy immer mindestens so stark sein musste wie zwei beliebige andere Marinen zusammen. Deshalb wurden die neuen Kriegsschiffe so schnell gebaut, dass es einfach unmöglich war, die neuesten technischen Fortschritte zu berücksichtigen.

LINKS: Die HMS *Formidable* und ihre sieben Schwesterschiffe waren eine Weiterentwicklung der „Canopus"-Klasse mit schwererer Panzerung und neuen 305-mm-Geschützen.

Im Jahr 1889 brachte der Naval Defence Act eine Änderung der Taktik. Nun musste die Royal Navy so stark sein wie die zweit- und drittgrößte Marine der Welt zusammen. Das führte zum Bau der Schlachtschiffe der „Royal-Sovereign"-Klasse. Neben der *Royal Sovereign* selbst bestand diese Klasse noch aus sieben weiteren Schiffen: der *Empress of India*, *Ramillies*, *Repulse*, *Resolution*, *Revenge*, *Royal Oak* und *Hood*.

Diese Schiffe waren schneller als alle anderen zeitgenössischen Schlachtschiffe. Die Hauptbewaffnung aus vier 343-mm-Geschützen saß in Zwillingsbarbetten.

ROYAL SOVEREIGN

Bewaffnung: Vier 343-mm-, zehn 152-mm-Geschütze
Verdrängung: 14 150 t
Länge: 125 m
Breite: 22,8 m
Antrieb: Zwei Schrauben, Dreifachexpansionsmaschinen
Geschwindigkeit: 16,5 Knoten
Besatzung: 712 Mann

OBEN: Die „Royal Sovereigns" der 1880er Jahre waren höchst erfolgreich, besser bewaffnet und schneller als alle anderen zeitgenössischen Schlachtschiffe.

Außerdem hatten sie zehn 152-mm-Geschütze, 16 Sechspfünder und sieben 457-mm-Torpedorohre. Eine Ausnahme war die *Hood*, bei der die Hauptbewaffnung in Türmen untergebracht war. Die Barbetten sorgten für eine beträchtliche Gewichtsersparnis, und so waren die Schlachtschiffe der „Royal-Sovereign"-Klasse um ein Deck höher als die zeitgenössischen Schlachtschiffe mit niedrigem Freibord und bis auf die *Hood* auch wesentlich seetüchtiger. Sie hatten eine Verdrängung von 14 150 t, eine Besatzung von 712 Mann, eine Höchstgeschwindigkeit von 16,5 Knoten und eine Reichweite von 8746 km.

In den 1890er Jahren entwickelte die Royal Navy, schnell gefolgt von den anderen Seemächten, einen neuen Standardtyp, der später als „Vor-Dreadnought" bezeichnet wurde. Das erste Schiff war die *Renown* mit 12 350 t, aber erst die „Majestic"-Klasse von 1893 bis 1894 diente als Grundlage für die Schlachtschiffe des folgenden Jahrzehnts. Bei einer Verdrängung von 14 890 t verfügte sie über vier 305-mm-, zwölf 152-mm-, 16 76-mm- und 47-mm-Geschütze sowie über fünf 457-mm-Torpedorohre. Bis 1904 ließ die Royal Navy insgesamt 42 „Vor-Dreadnoughts" bauen.

Die französische Marinepolitik hatte in der zweiten Hälfte des 19. Jahrhunderts arg unter ständigen Wechseln in der Politik gelitten. Immer neue Minister lösten sich ab, und Admiral Aube, der 1884 Marineminister wurde, ließ den Bau von Schlachtschiffen ganz einstellen. So war Frankreich kein Konkurrent für die Royal Navy. Italien konzentrierte sich auf Panzerkreuzer, während die USA von vorn anfangen mussten. Die Gesetze über den Wiederaufbau oder vielmehr Neuaufbau der Marine waren erst 1883 verabschiedet worden. Die ersten beiden amerikanischen Schlachtschiffe, die *Texas* und *Maine* von 1888, basierten auf ausländischen Konstruktionen und waren mit einer Verdrängung von 6315 bzw. 6682 t und einer Hauptbewaffnung mit jeweils zwei 305-mm- und vier 250-mm-Geschützen kaum mehr als Panzerkreuzer. Die *Maine* wurde am 15. Februar 1898 bei einer Explosion im Hafen von Havanna zerstört. Da 260 Seeleute ihr Leben verloren, kam es zum Ausbruch eines Krieges zwischen den Vereinigten Staaten und Spanien. Damals hatte man an Sabotage geglaubt; später konnte man mit ziemlicher Sicherheit feststellen, dass die Explosion von Kohlegas der Grund gewesen war.

DER AUFSTIEG DEUTSCHLANDS

In Europa war Deutschland auf dem Vormarsch und wurde bald zum stärksten Rivalen der Briten. Kaiser Wilhelm II. bewunderte die britische Marinetechnik. Unter der energischen Führung seines Marinestabschefs Admiral von Tirpitz wurden mehrere Marinegesetze verabschiedet, um eine moderne Marine zu schaffen. Zwischen 1889 und 1904 ließ Tirpitz 20 Schlachtschiffe bauen. Die ersten vier gehörten zur „Brandenburg"-

Klasse. Sie hatten eine Verdrängung von 10 013 t und verfügten über vier 280-mm-Geschütze in Türmen auf der Mittellinie. Darauf folgten die fünf Schiffe der „Kaiser-Friedrich-III.“-Klasse (1894–1897), fünf Schiffe der „Mecklenburg“-Klasse (1899–1900), fünf der „Braunschweig“-Klasse (1900–1902) und fünf der „Deutschland“-Klasse (1902–1904). Tirpitz argumentierte ganz einfach, dass der Besitz einer mächtigen Flotte eine Frage des nationalen Prestiges war. Da Deutschland sich zu einem der größten Industriestaaten entwickelte, musste es auch eine Marine haben, die seinen wirtschaftlichen Möglichkeiten entsprach. Dass dadurch ein Wettrüsten von enormen Ausmaßen eingeleitet wurde, schien niemanden zu interessieren. Allerdings wurden diese Ereignisse in Europa durch die Entwicklung im Fernen Osten in den Schatten gestellt. Dort kam es zum Schlagabtausch zwischen Russland und Japan. Um die Jahrhundertwende hatte die russische Marine ihre Flotten auf die Ostsee, das Schwarze Meer und den Fernen Osten aufgeteilt. Dort war seit

UNTEN: Die HMS *Illustrious* aus der „Majestic“-Klasse, die hier ihre Hauptbewaffnung abfeuert, war eine Verbesserung der „Renown“-Klasse mit neuen 305-mm-Geschützen.

MAINE

Bewaffnung: Vier 250-mm-, sechs 152-mm-Geschütze
Verdrängung: 7180 t
Länge: 98,9 m
Breite: 17,4 m
Antrieb: Zwei Schrauben, Dreifachexpansionsmaschinen
Geschwindigkeit: 16,4 Knoten
Besatzung: 374 Mann

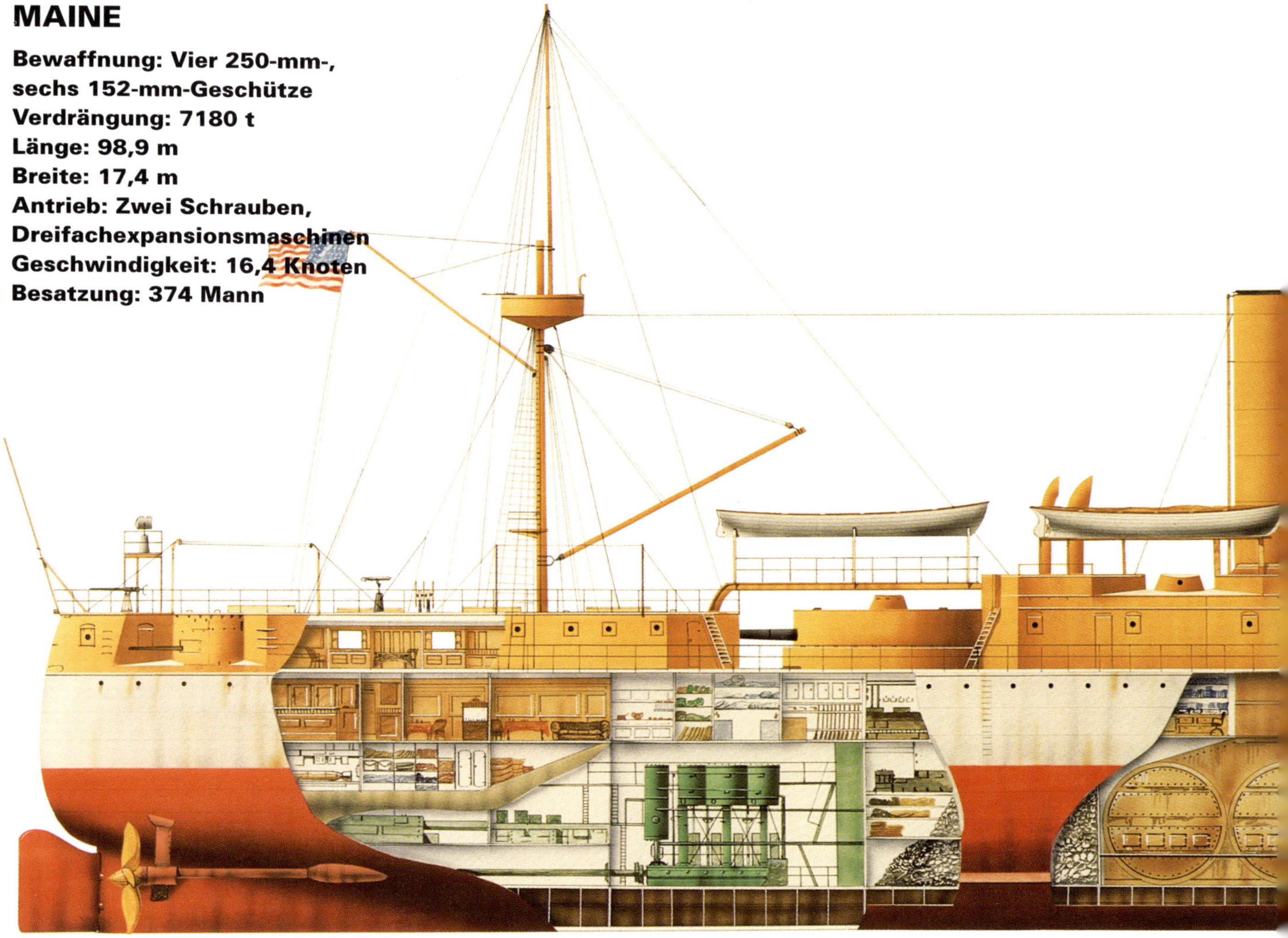

OBEN: Das US-Schlachtschiff *Maine* war ursprünglich als Panzerkreuzer geplant. Es wurde 1888 auf Kiel gelegt und im September 1895 fertig gestellt.

1895 ein Geschwader in Port Arthur stationiert. Anfang 1904 kündigte Russland an, die Zahl der Schlachtschiffe in Port Arthur bis Ende 1905 von sieben auf 13 zu erhöhen. Den Japanern war bewusst, dass die Russen dann der japanischen Flotte weit überlegen gewesen wären. So griffen sie in der Nacht des 8. Februar den russischen Stützpunkt mit zehn Zerstörern an und vernichteten zwei Schlachtschiffe und einen Kreuzer. Einige Zeit später kam der Kommodore des Geschwaders, Admiral Makarow, mit 651 Seeleuten ums Leben, als sein Flaggschiff, *Petropawlowsk*, beim Auslaufen aus dem Hafen auf eine Mine lief.

Danach war Port Arthur praktisch ständig unter Belagerung. Die Verteidigung war aber sehr wirksam, denn zwei japanische Schlachtschiffe (die *Hatsuse* und *Hizen*) wurden 1904 durch Minen und Geschützfeuer versenkt, während weitere Schiffe beschädigt wurden. Im Dezember 1904 wurden die verbliebenen russischen Schlachtschiffe vor Anker durch japanische Haubitzen versenkt.

DIE MEERENGE VON TSUSHIMA

Am 27. Mai 1905 trafen Kriegsschiffe der russischen Ostseeflotte unter der Bezeichnung „2. Pazifisches Geschwader" in der Meerenge von Tsushima, dem Zugang zum Japanischen Meer, ein. Sie hatten eine sieben Monate lange Fahrt von ihrem Heimatstützpunkt hinter sich. Mit acht Schlachtschiffen, drei Panzerkreuzern, sechs leichten Kreuzern und zehn Zerstörern schienen die Russen den Japanern überlegen zu sein, deren Kommandeur, Admiral Heihachiro Togo, nur über vier Schlachtschiffe, sieben Panzerkreuzer und sieben leichte Kreuzer verfügte. Aber die Schiffe von Togo waren drei Knoten schneller. Damit konnten sie besser manöv-

rieren und das Feuer auf jede beliebige Entfernung eröffnen. Die Russen waren in ihrer Taktik und Ausrüstung von der französischen Marine beeinflusst, die Japaner hingegen waren von der britischen Marine ausgebildet und ausgerüstet. So konnte man sie kaum vergleichen.

Die russische Flotte näherte sich in Reihe, wobei die vier modernsten Schlachtschiffe – die *Kniaz Suwarow* (Roschdestwenskis Flaggschiff), die *Imperator Alexander III.*, die *Borodino* und die *Orel* – die Vorhut bildeten. Gefolgt wurden sie von vier älteren Schlachtschiffen, der *Oslabja*, *Sisoi Weliki*, *Nawarin* und *Imperator Nikolai I*, wobei die Letztere von zwei Kreuzern voraus und drei gepanzerten Küstenverteidigungsschiffen achtern eskortiert wurde. Die restlichen Kreuzer bildeten die Nachhut.

Togo wartete, bis die gesamte Ostseeflotte in Sicht war, bevor er reagierte. Seine Schiffe hatten bislang einen Kurs gehalten, mit dem sie das russische „T" gekreuzt hätten. Nun drehten sie ab, sodass sie fast parallel zu den Russen fuhren. Die Russen eröffneten auf etwa 6000 m das Feuer, zielten aber so schlecht, dass Togos Schiffe weiter ihr Feuer auf das russische Flaggschiff konzentrieren konnten. Die Kniaz *Suwarow* geriet schnell in Brand und driftete von der Flotte ab, umhüllt von Rauch. Trotzdem kämpfte sie weiter, sogar nachdem sie einen Torpedotreffer einstecken musste und Roschdestwenski durch einen Geschosssplitter schwer verletzt wurde. Roschdestwenski wurde von den Japanern gefangen genommen, nachdem sie ihn von dem angeschlagenen Schiff geborgen hatten. Die *Suwarow* fand um 19.20 Uhr ihr Ende, nachdem sie noch zwei- oder dreimal von japanischen Torpedobooten getroffen wurde. Sie kenterte und versank mit allen Mann an Bord (928 Offiziere und Seeleute).

Kurz danach war die *Borodino* dran. Deren Kapitän hatte noch versucht, die Schiffe aus der japanischen Falle zu führen. Das Schiff wurde getroffen, geriet in

OBEN: Die Zerstörung der USS *Maine* im Hafen von Havanna wurde zunächst für Sabotage gehalten und löste damit 1898 den spanisch-amerikanischen Krieg aus. Der tatsächliche Grund aber war vermutlich eine Kohlegasexplosion.

Brand und flog in die Luft, als das Pulvermagazin explodierte. Von den 830 Mann der Besatzung konnte nur ein einziger gerettet werden. Die *Alexander III.* war bereits gekentert, nachdem sie zahlreiche Treffer von den 305-mm-Geschützen eingesteckt hatte. Alle 823 Mann an Bord gingen mit ihr unter. So blieb nur noch die *Orel* als modernes russisches Schlachtschiff über. In der Begleitung weiterer überlebender Schiffe war sie die ganze Nacht über Angriffen ausgesetzt, bis sie sich am Morgen endlich ergab.

In der zweiten Division war eines der älteren Schlachtschiffe, die *Oslabja*, starken Angriffen durch japanische Panzerkreuzer ausgesetzt und musste schon nach 15 Minuten die ersten Treffer einstecken. Nach weiteren Treffern versank sie mit 515 Mann an Bord. Den anderen Schiffen ging es kaum besser: Die *Nawarin* wurde durch Geschützfeuer beschädigt und durch Torpedos versenkt; sie riss 619 Mann in den Tod. Die *Sisoi Weliki* konnte den Angriffen zwar standhalten, wurde aber von der eigenen Besatzung versenkt, wobei 50 Mann den Tod fanden. Die *Nikolai I.* wurde nach einigen Treffern erbeutet, in die japanische Marine aufgenommen und in *Iki* ungetauft. Sie wurde 1915 als Zielschiff versenkt.

Die wenigen Schiffe, die der Zerstörung oder Erbeutung entkommen konnten, suchten Zuflucht in neutralen Häfen und wurden dort interniert. Die Japaner hatten einen Sieg errungen, der ebenso wichtig war wie der Erfolg von Nelson bei Trafalgar.

DER TORPEDO

Tsushima war die erste größere Seeschlacht, bei der Torpedos in größerem Maßstab eingesetzt wurden. Alle großen Marinen hatten den Torpedo spätestens in den 1880er Jahren eingeführt. Die neuesten Modelle hatten eine Reichweite von etwa 500 m bei 18 Knoten. Zunächst diente noch Druckluft als Antrieb, aber allmählich konnte sich der Elektromotor durchsetzen. Großkampfschiffe und auch spezielle Torpedoboote – das erste dieser Art war die *Lightning*, 25 m lang und 20 Knoten schnell – feuerten die Torpedos aus Rohren oder Ablaufgerüsten ab. Sie mussten aber auf relativ kurze Entfernung abgefeuert werden, wodurch die Torpedoboote durch Abwehrfeuer sehr gefährdet waren.

Eine Übung der Royal Navy im Jahr 1885 zeigte, dass zwar alle angreifenden Schiffe abgeschossen werden konnten, einige gegnerische Torpedos dennoch den Weg in ihr Ziel fanden. Als Lösung wurden bewaffnete Fangboote entwickelt, die von den Großkampfschiffen aus gestartet wurden. In den 1890er Jahren waren daraus größere, selbstständige Schiffe geworden, so genannte Torpedobootzerstörer, die die größeren Einheiten begleiten sollten. 1892/93 bestellte die Royal Navy die ersten Schiffe dieser Art, nun einfach als „Zerstörer“ bezeichnet.

Bis 1895 waren bereits 36 Zerstörer vom Stapel gelaufen. Den Anfang hatten die HMS *Gossamer* und die HMS *Rattlesnake* gemacht. Sie erreichten 27 Knoten, aber die modernen Torpedoboote schafften auch 24, sodass der Vorsprung eher bescheiden war. Darauf folgte die verbesserte Klasse der HMS *Havoc* und der HMS *Hornet*, die über 30 Knoten erreichte und über zwei Torpedorohre auf der Mittellinie, einen Zwölfpfünder und fünf Sechspfünder verfügte. Insgesamt wurden davon 68 Schiffe gebaut.

Die Torpedoboote und Zerstörer sollten aber nicht die einzigen Einheiten bleiben, die über diese Waffe verfügten. Um die Jahrhundertwende stellte die britische Admiralität fest, dass die Franzosen und Amerikaner bereits U-Boote besaßen. Die Briten hatten sich bis dahin überhaupt nicht dafür interessiert und U-Boote als „unenglisch“ verachtet. Nun konnte man sie nicht mehr ignorieren, und so enthielt der Voranschlag für den Marinehaushalt für 1901/1902 Gelder für den Bau von fünf verbesserten U-Booten des Typs „Holland“ (eine US-Konstruktion) zu Erprobungszwecken. Die ersten fünf U-Boote wurden in Lizenz bei Vickers in Barrow-in-Furness gebaut.

Die Firma und der neu ernannte Inspekteur der U-Boot-Flotte, Captain Reginald Bacon, nahmen eine Reihe von Verbesserungen vor. Als dann die HMS *Submarine No. 1* am 2. November 1902 vom Stapel lief, hatte sie mit ihrem amerikanischen Vorgänger nur noch wenig gemeinsam. Bei einer Verdrängung von 105 t über und 124 t unter Wasser war sie 19,4 m lang und an der breitesten Stelle 3,5 m breit. Ihr Vierzylinder-Vergasermotor leistete 160 PS, was für eine Überwasserge-

Unten: Amerikanische Seeleute beim Kohleschaufeln. Bei dieser harten, unangenehmen Arbeit wurde jeder Mann benötigt.

ASAHI

Bewaffnung: Vier 305-mm, 14 152-mm-Geschütze
Verdrängung: 15 200 t
Länge: 133,5 m
Breite: 23 m
Antrieb: Zwei Schrauben, Dreifachexpansionsmaschinen
Geschwindigkeit: 18 Knoten
Besatzung: 836 Mann

OBEN: Das Schlachtschiff *Asahi* nahm an der Schlacht von Tsushima teil. Sie wurde später zu einem Werkstattschiff umgebaut und 1942 in der südchinesischen See vom US-U-Boot *Salmon* versenkt.

schwindigkeit von acht Knoten reichte. Unter Wasser sorgte ein Elektromotor für den Antrieb, der aus einer Batterie mit sechs Zellen gespeist wurde und fünf Knoten leistete. Die Bewaffnung bestand aus einem einzigen 355-mm-Torpedorohr, und als Besatzung genügten sieben Mann. Im März 1904 nahmen alle fünf U-Boote der A-Klasse, wie sie nun hieß, vor Portsmouth an einem simulierten Angriff auf den Kreuzer *Juno* teil. Der Angriff war erfolgreich, aber die A.1 kollidierte mit einem Passagierschiff und sank mit allen Mann an Bord.

Insgesamt wurden 13 U-Boote der „A“-Klasse gebaut, gefolgt von elf der „B“-Klasse und 38 der „C“-Klasse. Inzwischen war das U-Boot eine der wichtigsten Waffen der modernen Marine geworden und hatte einen erheblichen Einfluss auf die Konstruktion der Schlachtschiffe und die Taktik zur See. In der Royal Navy ging die Entwicklung nun flott voran, denn das U-Boot hatte einen prominenten Fürsprecher gefunden, der am Tag von Trafalgar 1904 zum Ersten Seelord ernannt wurde. Sein Name war Admiral Sir John Fisher.

UNTEN: Die in Frankreich gebaute russische Vor-Dreadnought *Zessarewitsch* war topplastig und instabil. Sie wurde bei der Schlacht im Gelben Meer schwer beschädigt.

RECHTS: Die russische Vor-Dreadnought *Retwisan*, hier 1901 in der New Yorker Marinewerft, wurde am 6. Dezember 1904 von Japanern im Hafen von Port Arthur versenkt.

ZESSAREWITSCH

Bewaffnung: Vier 305-mm-, zwölf 152-mm-Geschütze, 20 Dreipfünder
Verdrängung: 12 915 t
Länge: 118,5 m
Breite: 23,2 m
Antrieb: Zwei Schrauben, stehende Dreifachexpansionsmaschinen
Geschwindigkeit: 18,5 Knoten
Besatzung: 782 Mann

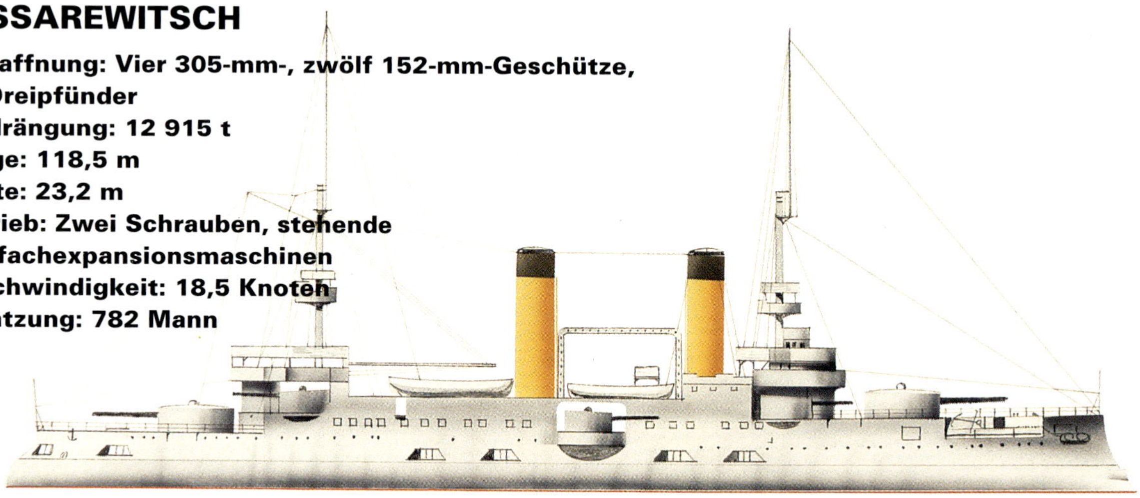

Kapitel 4

Dreadnoughts

Das neue Jahrhundert brachte auch ein neues Kriegsschiff – die Dreadnought. Schnell und mit schwerer Hauptbewaffnung, war dieses Super-Schlachtschiff ein wichtiger Faktor im Rüstungswettrennen zwischen Deutschland und England vor dem Ersten Weltkrieg. Es war in der Lage die Gegner auf große Entfernung anzugreifen, bevor diese ihre Torpedos benutzen konnten. Damit war es im Krieg das Rückgrat der großen Flotten.

Jackie Fisher, wie er bei der ganzen Marine genannt wurde, war zu Königin Victorias Zeiten eine seltene Erscheinung in der Marine: ein ranghoher Offizier mit hervorragenden wissenschaftlichen und technologischen Kenntnissen. Als Befürworter der Schiffsartillerie war er sein Leben lang bemüht gewesen, die Schießfertigkeiten der Flotte zu verbessern. So hatte er als Kommandeur der britischen Mittelmeerflotte bewiesen, dass die Bekämpfung bis zu 5500 m möglich war und dass moderne Geschütze bis zu 7300 m eine recht hohe Trefferquote aufweisen konnten. Natürlich unter der Voraussetzung, dass sorgfältig gezielt und volle Salven abgefeuert wurden. Daraus zog er die Schlussfolgerung, dass bei Seegefechten die Erfolgsaussichten über große Entfernungen umso besser wären, je mehr große Geschütze eingesetzt werden konnten.

LINKS: Das italienische Großkampfschiff *Andrea Doria* und ihr Schwesterschiff *Caio Duilio* waren eine Weiterentwicklung der „Cavour"-Klasse mit 152-mm-Nebenbewaffnung.

Als Fisher im Alter von 58 Jahren das Amt als Erster Seelord übernahm, hatte er bereits ein ausgereiftes Konzept für ein Schlachtschiff mit möglichst vielen 250-mm-Geschützen anstelle der Nebenbewaffnung. Wenige Wochen nach seiner Ernennung im Jahr 1904 setzte er einen Ausschuss ein, um die technischen Daten für ein Schlachtschiff mit möglichst vielen 305-mm-Geschützen zu erarbeiten, denn dieses große Kaliber wurde von der Admiralität bevorzugt. Der Ausschuss sollte außerdem das Konzept für ein zweites Kriegsschiff untersuchen, das eine 305-mm-Geschützbatterie mit einer Geschwindigkeit von etwa 25 Knoten verbinden sollte. Dieses Schiff sollte die besten Eigenschaften eines schweren Kreuzers mit denen eines Schlachtschiffs vereinen – also ein „Schlachtkreuzer" werden.

DREADNOUGHT

Bewaffnung: Zehn 305-mm-Geschütze
Verdrängung: 17 900 t
Länge: 160,4 m
Breite: 25 m
Antrieb: Vier Schraubenturbinen
Geschwindigkeit: 21,6 Knoten
Besatzung: 695–773 Mann

OBEN: Mit dem Erscheinen der *Dreadnought* im Jahr 1906 erhielt der Seekrieg ein neues Gesicht. Sie leitete ein Wettrüsten mit Deutschland ein, das zum Ersten Weltkrieg führte.

Das Konzept des Großkampfschiffs kam schnell voran, auch begünstigt durch das internationale Wettrüsten zu jener Zeit. Schon im Oktober 1905 wurde ein Prototyp in Portsmouth auf Kiel gelegt. Er wurde unter strengster Geheimhaltung und in kürzester Zeit entwickelt. Ein Jahr und einen Tag darauf konnten schon die ersten Erprobungen auf See stattfinden. Das eindrucksvolle neue Schiff erhielt den Namen *Dreadnought*.

DIE „DREADNOUGHT"

Die *Dreadnought* stellte eine Revolution dar, denn sie verfügte über zehn 305-mm-Geschütze, jeweils zwei davon in fünf mittig installierten Türmen. In den ersten Schiffen konnten aber nur acht dieser Geschütze wirklich wirkungsvoll eingesetzt werden; dieser Mangel wurde erst bei den Folgemodellen behoben. Von 1906 an musste ein erstklassiges Schlachtschiff in der Lage sein, zehn schwere Geschütze auf jeder beliebigen Seite abzufeuern. Daher hatte eine „Dreadnought" gegenüber einem herkömmlichen Schlachtschiff eine Überlegenheit von 10:4, gegenüber zweien immerhin noch von 10:8.

Die *Dreadnought* war aber nicht nur das erste Schlachtschiff mit Geschützen eines einzigen Kalibers, sie verfügte auch erstmals über Dampfturbinen und vier Schrauben, die eine Höchstgeschwindigkeit von 21 Knoten ermöglichten. Die Besatzung umfasste 697 Mann, und die Verdrängung lag bei 17 900 t.

Nachdem sich das Konzept der Dreadnought erst einmal bewährt hatte, wurde diese revolutionäre Klasse rasch erweitert. Es entstanden drei bis vier Schiffe pro

Jahr. Der ursprünglichen *Dreadnought* folgten die *Bellerophon*, *Superb* und *Temeraire*, alle 1906 auf Kiel gelegt. Im Jahr 1907 folgten die *Collingwood*, *St Vincent* und *Vanguard*, 1908 die *Colossus*, *Hercules* und *Neptune*, 1909 die *Conqueror*, *Monarch*, *Orion* und *Thunderer*, 1910 die *Ajax*, *Audacious*, *Centurion* und *King George V*, 1911 die *Benbow*, *Emperor of India*, *Iron Duke* und *Marlborough*, 1912 die *Barham*, *Malaya*, *Queen Elizabeth*, *Valiant* und *Warspite* sowie im Jahr 1913 die *Ramillies*, *Resolution*, *Revenge*, *Royal Oak* und *Royal Sovereign*.

Die Schiffe der „Queen-Elizabeth"-Klasse von 1912 wurden als schnelle Schlachtschiffe entwickelt, die die Schlachtkreuzer als offensiver Flügel der Flotte ablösen und die feindlichen Schlachtschiffe bekämpfen sollten. Es waren die ersten Schlachtschiffe überhaupt mit 380-mm-Geschützen und ölbefeuerten Maschinen.

Fishers Kritiker monierten, dass mit der Einführung der Dreadnoughts ein Großteil der britischen Schlachtschiffe überholt und verwundbar werden würde. Seine Befürworter wussten aber, dass die Nebenbewaffnung in Zukunft kaum noch eine Rolle spielen würde. Die erhöhte Reichweite der Torpedos ließ Nahkampfoperationen ohnehin nicht mehr ratsam erscheinen. Wenn ein Schlachtschiff seine Gegner auf sehr große Entfernungen angreifen konnte, waren aber die 152-mm- und 230-mm-Geschütze ziemlich nutzlos. Die Experten der Schiffsartillerie gingen davon aus, dass bei den riesigen Entfernungen, die nun mit den 305-mm-Geschützen möglich waren – 12 810 m oder mehr – nur noch die größten Geschütze wirklich zählten. Die Wirksamkeit hing davon ab, dass möglichst viele Geschosse in einer Salve abgefeuert wurden, und bei der *Dreadnought* hieß das, dass etwa 3,8 t Sprenggeschosse über 14 km auf dem Weg in das Ziel waren.

INFLEXIBLE

Bewaffnung: Acht 305-mm-, 16 102-mm-Geschütze
Verdrängung: 17 250 t
Länge: 172,8 m
Breite: 23,9 m
Antrieb: Vier Schraubenturbinen
Geschwindigkeit: 25,5 Knoten
Besatzung: 784 Mann

OBEN: Der Schlachtkreuzer HMS *Inflexible* wurde wie seine Schwesterschiffe parallel zum Großkampfschiff unter Geheimhaltung entwickelt.

SCHLACHTKREUZER

Das andere wegweisende Konzept, der Schlachtkreuzer, hatte fast die gleiche Bewaffnung wie die neuen Schlachtschiffe, war aber viel wendiger. Diese Schiffe sollten vorausfahren, für die Hauptflotte aufklären und dabei in der Lage sein, jeden herkömmlichen Kreuzer zu besiegen. Das Konzept war auf der simplen Tatsache begründet, dass die vorhandenen Panzerkreuzer so groß und teuer geworden waren, dass man ihnen kein Entwicklungspotenzial mehr zutraute.

Das erste Schiff der neuen Klasse war die 1908 fertig gestellte *Inflexible*. Sie hatte acht 305-mm-Geschütze und erreichte eine Geschwindigkeit von 26 Knoten. Sie hatte etwa vier Fünftel der Feuerkraft einer Dreadnought, aber wegen der erforderlichen Schnelligkeit mussten an vielen anderen Stellen Abstriche gemacht werden. Die *Dreadnought* hatte noch eine Leistung von 18 000 PS, die *Inflexible* bereits 41 000, sodass für die benötigten 31 Kessel auch ein größerer Rumpf erforderlich war. Mit einer reduzierten Bewaffnung und geringerer Panzerung zugunsten größerer Geschwindigkeit waren diese Schlachtkreuzer natürlich auch verwundbarer, was sich 1916 in der Schlacht von Jütland auf dramatische Weise zeigen sollte.

Die Schwesterschiffe der *Inflexible* waren die *Indomitable* und *Invincible*. Alle hatten eine Verdrängung von 17 250 t und eine Besatzung von 784 Mann. Ihnen folgten die *Australia*, *Indefatigable* und *New Zealand*, 1908–1909 auf Kiel gelegt, die *Lion*, *Princess Royal* und *Queen Mary* von 1909–1910, die *Tiger* von 1911, die *Renown* und *Repulse* von 1914 und die *Hood* von 1915. Die *Hood* wurde zwar als Schlachtkreuzer eingestuft, war aber tatsächlich eine größere Dreadnought vom Typ der „Queen Elizabeth“. Sie sollte es mit den enormen deutschen Schlachtkreuzern der „Mackensen“-Klasse aufnehmen, die Anfang 1915 auf Kiel gelegt wurden. Mit einer Verdrängung von 41 200 t war sie bei ihrem Stapellauf das größte Kriegsschiff der Welt und sollte es bis zum Anfang des Zweiten Weltkriegs auch bleiben. Drei weitere Schiffe dieser Klasse, die *Anson*, *Howe* und *Rodney*, wurden auch während des Ersten Weltkriegs auf Kiel gelegt, später aber nicht weitergebaut. Ihre Namen blieben einer neuen Generation von Schlachtschiffen vorbehalten.

DEUTSCHLAND RÜSTET AUF

Im Jahr 1908 wurde in Deutschland ein weiteres Marinegesetz verabschiedet, mit dem die Anzahl der schweren Kriegsschiffe erhöht werden sollte. Die „großen Kreuzer“, ein Ergebnis des vorangegangenen Marinegesetzes von 1900, wurden nun als Schlachtkreuzer eingestuft. Die geplante Gesamtstärke der Kaiserlichen Marine an Schlachtschiffen und Schlachtkreuzern sollte über die folgenden Jahre auf 58 steigen.

Die ersten deutschen Großkampfschiffe waren die vier Schiffe der „Nassau“-Klasse, die ab 1906 gebaut wurden. Kürzer und breiter als die britischen Dreadnoughts, waren sie trotzdem gut geschützt und schwer bewaffnet: die Hauptbewaffnung bestand aus zwölf 280-mm-Geschützen, die Nebenbewaffnung aus zwölf 150-mm-Geschützen. Allerdings waren die großen Geschütze ungünstig auf dem Schiff positioniert. Eine volle Breitseite war nicht möglich, da zwei Türme auf jeder Seite mittschiffs und einer jeweils an Bug und Heck angeordnet waren. Zu dieser Klasse gehörten die *Nassau*, *Posen*, *Rheinland* und *Westfalen*.

Bei der „Helgoland"-Klasse von 1908 (*Helgoland, Oldenburg, Ostfriesland* und *Thüringen*) handelte es sich um vergrößerte „Nassau"-Typen mit 305-mm-Geschützen. Es waren die einzigen deutschen Großkampfschiffe mit drei Schornsteinen. Sie waren etwas schneller als die *Nassau* – 20 statt 19 Knoten – und hatten eine Verdrängung von 22 800 t. Zur Besatzung gehörten 1100 Mann.

Darauf folgte die „Kaiser"-Klasse (*Friedrich der Große, Kaiser, Kaiserin, König Albert* und *Prinzregent Luitpold*) von 1909–1910, die ersten deutschen Schlachtschiffe mit Turbinenantrieb (die Turbinen kamen erstaunlicherweise von Parsons aus England) und einem überhöhten Turm am Heck. Die 1912 vom Stapel gelaufene *Friedrich der Große* wurde das Flaggschiff der Hochseeflotte und sollte es bis 1917 bleiben.

Deutschland baute bis zum Ausbruch des Krieges im Jahr 1914 ununterbrochen weitere Großkampfschiffe. Nach den Großkampfschiffen der „Kaiser"-Klasse kam die „König"-Klasse (*Großer Kurfürst, König, Kronprinz* und *Markgraf*) von 1911, die ersten deutschen Schlachtschiffe mit allen Geschütztürmen auf der Mittellinie, und die „Baden"-Klasse von 1913 (*Baden, Bayern, Sachsen* und *Württemberg*). Die letzten beiden Schiffe wurden nicht mehr fertig gestellt. Beim Typ „Baden" handelte es sich um weiterentwickelte Schiffe der „König"-Klasse mit einer Hauptbewaffnung von acht 380-mm-Geschützen.

EUROPÄISCHE GROSSKAMPFSCHIFFE

Im Jahr 1909 stellte die französische Regierung mit Schrecken fest, dass ihre Marine weltweit auf den fünften Platz abgerutscht war und versuchte nun in aller Eile, die Flotte wieder aufzubauen. Diese hatte nämlich vorher bereits weitere Einbußen hinnehmen müssen, als im März 1907 die Vor-Dreadnought *Ièna* durch eine Explosion im achteren Magazin zerstört wurde. Das Kordit hatte sich überhitzt, während das Schiff in Toulon im Trockendock lag. Bei einer noch schlimmeren Explosion wurde ein weiteres Schlachtschiff, die *Liberté*, im September 1911 zerstört. Bei beiden Unfällen kamen insgesamt 322 Menschen ums Leben.

Im Rahmen des Wiederaufbauprogramms baute Frankreich 1910–1911 seine ersten vier Großkampfschiffe *Courbet, France, Jean Bart* und *Paris*. Diese Schiffe hatten sechs Türme mit zwölf 305-mm-Geschützen, wobei mittschiffs auf jeder Seite ein Turm saß. Vor dem Ausbruch des Ersten Weltkriegs wurden aber nur die ersten beiden Schiffe fertig gestellt.

Italiens erstes Großkampfschiff war die *Dante Alighieri* mit einer Verdrängung von 19 500 t, das erste Schlachtschiff der Welt mit der Hauptbewaffnung – in diesem Fall zwölf 305-mm-Geschütze – in Drillingstürmen, die alle auf der Mittellinie saßen, damit auf beiden Seiten volle Breitseiten gefeuert werden konnten. Die 1910 vom Stapel gelaufene *Dante Alighieri* wurde das Flaggschiff der italienischen Adriaflotte, kam aber nie zum Einsatz.

Im Jahr 1909 folgte die „Cavour"-Klasse (*Conte di Cavour, Giulio Cesare* und *Leonardo da Vinci*) mit ei-

UNTEN: Die *Ostfriesland*, hier 1921 als Zielschiff für US-Flugzeuge, gehörte zur „Helgoland"-Klasse, den einzigen deutschen Großkampfschiffen mit drei Schornsteinen.

BADEN

Bewaffnung: Acht 380-mm-, 16 150-mm-Geschütze
Verdrängung: 31 690 t
Länge: 179,8 m
Breite: 30 m
Antrieb: Drei Wellenturbinen
Geschwindigkeit: 22 Knoten
Besatzung: 1271 Mann

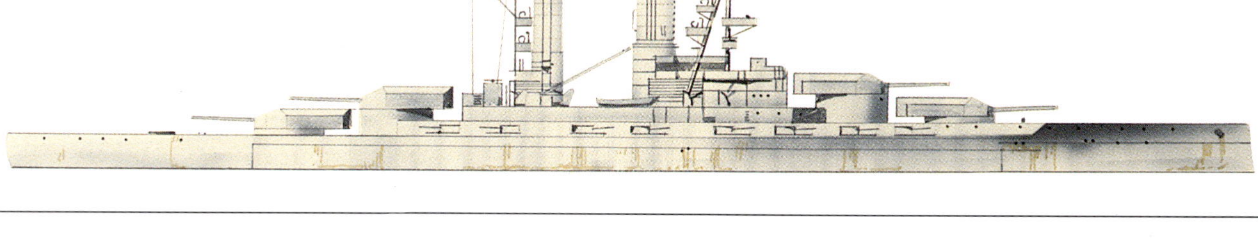

OBEN: Bei einer Übung auf einem US-Schlachtschiff 1909 wird ein 152-mm-Geschütz geladen. Die Übungen waren nötig zur Erhöhung der Feuergeschwindigkeit im Gefecht.

LINKS: Die *Baden* und ihr Schwesterschiff *Bayern* wurden als Antwort auf die britische „Queen-Elizabeth"-Klasse gebaut, der sie stark ähnelten.

ner Verdrängung von jeweils 23 088 t und einer Bewaffnung aus 13 305-mm-Geschützen. Zwei dieser Schiffe, die *Cavour* und die *Cesare*, wurden zwischen den Kriegen völlig neu aufgebaut.

Die letzten italienischen Großkampfschiffe, die noch vor dem Ausbruch des Krieges aufgelegt wurden, waren die *Andrea Doria* und die *Caio Duilio*, im Prinzip verbesserte Cavours mit einer 152-mm-Nebenbewaffnung. Auch diese Schiffe wurden in den 30er Jahren grundlegend überarbeitet. Daneben waren die vier noch größeren Schlachtschiffe *Cristoforo Colombo*, *Francesco Caracciola*, *Francesco Morosini* und *Marcantonio Colonna* geplant, die aber nie fertig gestellt wurden.

DER AUFSTIEG DER US-NAVY

Die ersten Großkampfschiffe der Vereinigten Staaten waren die *Michigan* und die *South Carolina*. Sie wurden zwar nach der *Dreadnought* auf Kiel gelegt, waren aber tatsächlich die ersten Schlachtschiffe, die ausschließlich mit großen Geschützen (acht 305-mm-Geschütze) und überhöhten Türmen entwickelt wurden. Diese Merkmale wurden von allen anderen Nationen nachgebaut. Der Antrieb mit stehenden Dreifachexpansionsmaschinen und zwei Schrauben ließ aber noch viel zu wünschen übrig, denn die Höchstgeschwindigkeit lag bei bescheidenen 17 Knoten. Die *Delaware* und die *North Dakota* waren in dieser Hinsicht auch nicht viel besser, hatten aber mit ihrer größeren Nebenbewaffnung mehr Erfolg. Vor dem Ausbruch des Krieges in Europa wurden außerdem die Großkampfschiffe *Flori-*

LEONARDO DA VINCI

Bewaffnung: 13 305-mm-, 18 120-mm-Geschütze
Verdrängung: 25 086 t
Länge: 176 m
Breite: 28 m
Antrieb: Vier Schraubenturbinen
Geschwindigkeit: 21,6 Knoten
Besatzung: 1235 Mann

OBEN: Die *Leonardo da Vinci* explodierte und kenterte 1916 in Taranto, wahrscheinlich nach einem österreichischen Sabotageakt. Sie wurde zwar gehoben, 1923 aber abgewrackt.

da, Utah, Arkansas, Wyoming, New York, Texas, Nevada, Oklahoma, Arizona und *Pennsylvania* gebaut.

DIE ANTWORT JAPANS

Alle späteren US-Großkampfschiffe hatten eine Hauptbewaffnung von zehn oder zwölf 355-mm-Geschützen. Das verlieh ihnen eine Feuerkraft, die die Japaner auf der anderen Seite des Pazifik als Herausforderung betrachten mussten. Nach dem Sieg über die russische Flotte bei Tsushima hatten die Japaner die Vorherrschaft über den Pazifik und wollten sie keinesfalls aufgeben. Die ersten echten Großkampfschiffe der japanischen Marine waren die *Kawachi* und die *Settsu*, die beide 1910 auf Kiel gelegt wurden. Sie hatten eine Hauptbewaffnung von zwölf 305-mm-Geschützen in sechs Zwillingstürmen, je einen am Bug und am Heck und zwei auf jeder Seite. Die Schiffe waren stark gepanzert und schafften 21 Knoten. Aber erst mit dem Bau der Schlachtkreuzer der „Kongo"-Klasse 1910–1911 (*Haruna, Hiei, Kirishima* und *Kongo*) lieferten die Japaner eine Spitzenleistung ab.

Die von Sir G. R. Thurston konstruierte *Kongo* wurde von Vickers in England gebaut (das letzte im Ausland gebaute japanische Großkampfschiff) und basierte auf den britischen Schlachtkreuzern der „Lion"-Klasse, die ja die ersten Schiffe waren, die die Schlachtschiffe

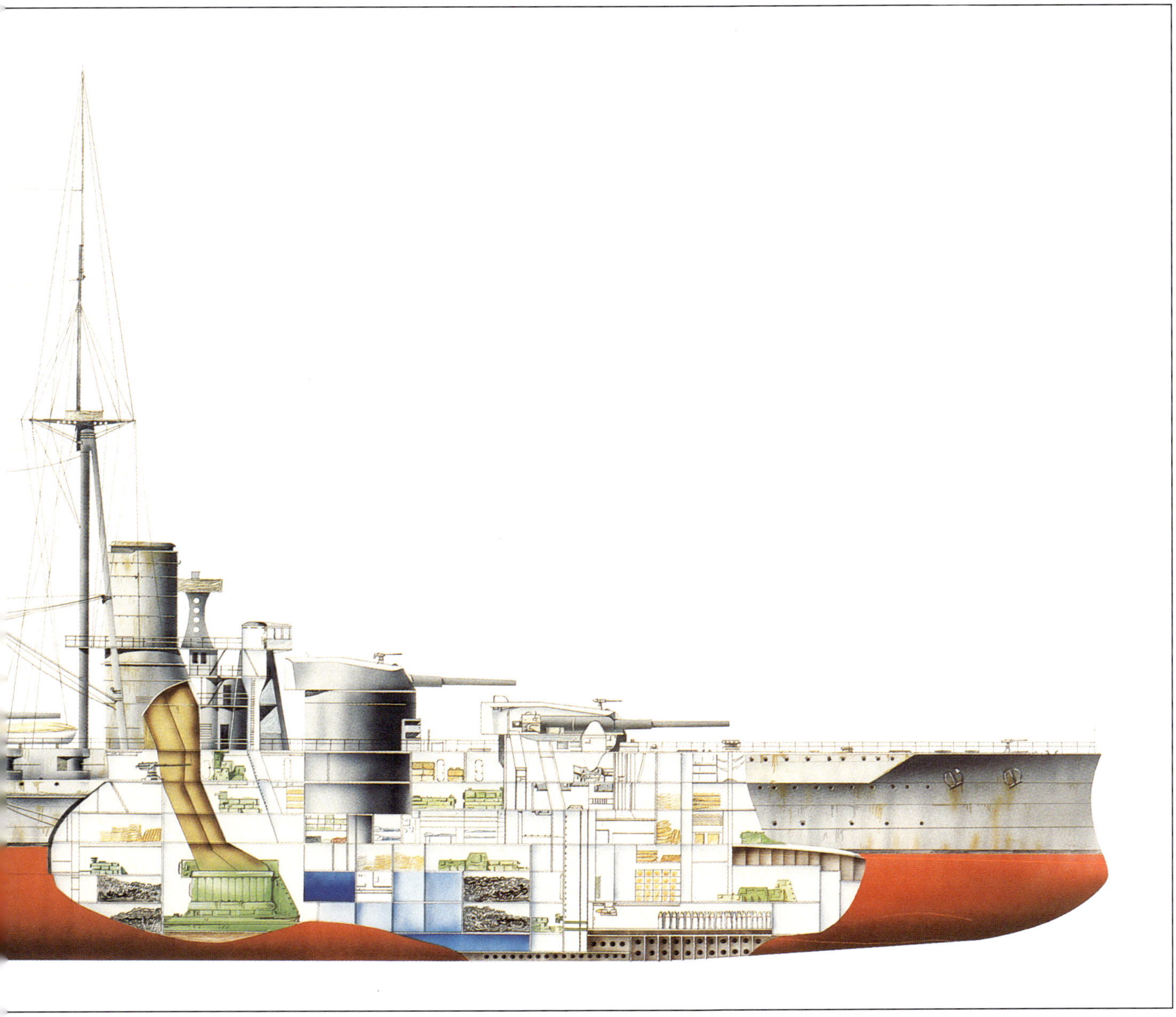

an Größe übertrafen. Die „Kongo"-Klasse hatte eine Verdrängung von 27 500 t und acht 355-mm- sowie 16 152-mm-Geschütze. Dabei war sie 30 Knoten schnell. Mit einer Besatzung von 1437 Mann übertraf sie alle anderen zeitgenössischen Schiffe.

ERSTE FLUGZEUGE AUF SEE

In den Jahren vor dem Ersten Weltkrieg waren die mächtigen Dreadnoughts und Schlachtkreuzer die sichtbaren Symbole der unbestrittenen britischen Vorherrschaft zur See. Hinter den Kulissen gab es aber bereits Entwicklungen, die alle diese Schiffe innerhalb der folgenden 50 Jahren überflüssig machen sollten.

Am 4. Mai 1912 sorgte Commander C. R. Samson, ein Pilot des neu aufgestellten Marinefliegergeschwaders der Royal Air Force – des späteren Royal Naval Air Service – für einen der Höhepunkte der Flottenparade in Weymouth, als er mit einem Doppeldecker vom Typ Short S 27 vom Vorderdeck des Schlachtschiffs HMS *Hibernia* startete, während diese mit 10 Knoten gegen den Wind fuhr. Zum ersten Mal war ein britisches Flugzeug von einem fahrenden Schiff gestartet.

Ein Jahr später wurde der alte Kreuzer HMS *Hermes* zum Führungsschiff des Fliegergeschwaders umfunktioniert. Er erhielt eine Rampe auf dem Vorderschiff, von der aus ein Caudron-Wasserflugzeug im Sommer 1913 zahlreiche Probeflüge machte. Später erhielt die HMS *Hernes* drei Schwimmerflugzeuge vom Typ Short S 41. Im Juli des Jahres 1913 setzte die Royal Navy erstmals bei Manövern Flugzeuge zusammen mit Schif-

MICHIGAN

Bewaffnung: Acht 305-mm-, 22 76-mm-Geschütze
Verdrängung: 17 900 t
Länge: 138,2 m
Breite: 24,5 m
Antrieb: Zwei Schrauben, stehende Dreifachexpansionsmaschinen
Geschwindigkeit: 18,5 Knoten
Besatzung: 869 Mann

OBEN: Die USS *Michigan* diente in der Atlantikflotte (1910–1916) und zwischen 1917 und 1918 als Geleitschiff. 1922 wurde sie außer Dienst gestellt und später abgewrackt.

fen ein. Dabei führten die Flugzeuge von der *Hermes* wichtige Versuche zur Funktelegrafie durch.

Im Sommer des Jahres 1913 beschaffte die Admiralität ein zweites Mutterschiff für Seeflugzeuge. Es handelte sich um ein 7400-t-Handelsschiff, das gerade in Blyth, Northumberland, gebaut wurde. Es wurde 1914 in Dienst gestellt und erhielt den geschichtsträchtigen Namen *Ark Royal*. Drei weitere Schiffe dieser Art, die *Empress*, *Engadine* und *Riviera* – alles ursprünglich Kanaldampfer – wurden im Sommer 1914 requiriert und umgebaut.

Damals konnte sicher niemand voraussehen, dass die Marineflieger eine so mächtige Waffe werden, ganze Schlachten entscheiden und riesige Großkampfschiffe zerstören würden. Als 1914 die Wolken des Krieges am Horizont heraufzogen, galt das U-Boot als die schlimmste Bedrohung der Seeherrschaft.

BEDROHUNG DURCH U-BOOTE

Die U-Boot-Flotte der Royal Navy hatte sich ein Jahrzehnt nach der Ernennung von Admiral Fisher zum Ersten Seelord beträchtlich weiterentwickelt. Fisher hatte sofort ein großes Programm zum U-Boot-Bau eingeleitet und dabei „unverzüglich mehr U-Boote gefordert – mindestens 25 zu den bislang im Bau befindlichen und bestellten und so schnell wie möglich 100 weitere."

Im Jahr 1910 verfügten die U-Boot-Flottillen der Royal Navy über insgesamt zwölf U-Boote der „A"-Klasse, elf der „B"-Klasse und 37 der „C"-Klasse. Sie wurden von Vickers gebaut und aus der ursprünglichen Holland-Konstruktion beständig weiterentwickelt. Daneben wurde auch noch eine „D"-Klasse auf Kiel gelegt. Diese britischen U-Boote für den Übersee-Einsatz waren 50,2 m lang, hatten eine Verdrängung von 500 t über Wasser und waren die ersten mit zwei Schrauben. Für Überwasserfahrten hatten sie Schwerölmaschinen (Diesel) anstelle der bislang benutzten Vergasermotoren. Sie litten zwar zunächst an Kinderkrankheiten, waren aber wesentlich sicherer als die Vergasermotoren und bildeten weniger giftige Abgase. Bei Übungen im Jahr 1910 stellte die Besatzung von *D.1* das unter Beweis, als sie trotz Problemen mit einer Maschine ihr U-Boot von Portsmouth an die schottische Westküste brachte und dort drei Tage lang vor einem „feindlichen" Ankerplatz lag. Dabei gelangen 39 erfolgreiche Angriffe mit Übungstorpedos auf zwei Kreuzer. Die „E"-Klasse, eine Weiterentwicklung der „D"-Klasse, ging gerade in den Dienst, als der Erste Weltkrieg ausbrach. Diese U-Boote hatten eine Verdrängung von 677 t über Wasser und eine Besatzung von 30 Mann. Bewaffnet waren sie mit fünf Torpedorohren, zwei am Bug, eines am Heck und zwei mittschiffs. So musste das U-Boot zum Zielen nie mehr als um 45° abdrehen. Zwischen 1913 und 1916 wurden insgesamt 55 U-Boote der „E"-Klasse gebaut. Sie bildeten im Ersten Weltkrieg das Rückgrat der britischen U-Boot-Flotte und wurden auf jedem Kriegsschauplatz eingesetzt. Ihre Heldentaten waren legendär. Aber es waren die deutschen U-Boote, die im folgenden Krieg als Erste zuschlagen sollten.

UNTEN: Die *Michigan*, die hier ihre Geschütze abfeuert, und ihr Schwesterschiff *South Carolina* waren die ersten Kriegsschiffe, die mit ausschließlich großen Geschützen entwickelt wurden. Sie wurden aber nach der *Dreadnought* auf Kiel gelegt.

Kapitel 5

Der Erste Weltkrieg

Nach dem Ausbruch des Krieges wartete man auf die Entscheidungsschlacht zwischen Deutschland und England. Aber abgesehen von der Schlacht bei Jütland, die keinen Sieger hatte, blieben die deutschen Schlachtschiffe die meiste Zeit im Hafen, und die U-Boote führten den Seekrieg. Trotzdem waren die deutschen Schiffe eine Bedrohung und banden Kräfte, die an anderer Stelle dringend gebraucht wurden.

Obwohl die Spannungen, die während des Ersten Weltkriegs schwelten, schließlich die ganze Welt erfassen sollten, blieb der Seekrieg stets auf zwei Nationen beschränkt: Großbritannien und Deutschland. Die Royal Navy hatte von Anfang an eine äußerst schwierige Aufgabe. Sie musste nicht nur die britische Küste vor einer Invasion verteidigen, sondern auch die Konvois auf dem Atlantik schützen, die das Überleben der Nation gewährleisteten. Außerdem musste der Ärmelkanal gesichert werden, um den ständigen Nachschub von Personal und Material an die Westfront sicherzustellen.

Die Deutschen, deren Flotte wesentlich kleiner war, fürchteten vor allem einen Angriff auf ihren wichtigsten Stützpunkt Wilhelmshaven durch die in Scapa Flow liegende britische Grand Fleet. Sie sollten damit Recht behalten, denn die Royal Navy verfolgte tatsächlich eine sehr aggressive Politik: am 28. August 1914 nahm ein Verband der britischen Flotte unter Commodore Tyrwhitt von Harwich aus Kurs auf die Helgoländer Bucht und überraschte dort seine Gegner. Zerstörer der 1. und 3. Flottillen, angeführt von den Kreuzern *Arethusa* und *Fearless*, lieferten sich ein wildes Gefecht mit deutschen Zerstörern und Kreuzern. Die *Arethusa* wurde beschädigt, aber dafür wurden der deutsche Kreuzer *Mainz* und der Zerstörerführer *V.187* versenkt. Später kamen noch fünf britische Schlachtkreuzer unter Admiral Sir David Beatty zur Hilfe und versenkten die deutschen Kreuzer *Köln* und *Ariadne*. Außerdem wurden zwei leichte Kreuzer und drei Zerstörer der deutschen Flotte beschädigt.

LINKS: Die HMS *Iron Duke* pflügt hier durch die Wellen der Nordsee. Sie war das Flaggschiff von Admiral Jellicoe in der Schlacht bei Jütland.

Der Jubel der Briten sollte sich allerdings als verfrüht erweisen, denn am 22. September 1914 versenkte

Oben: Der Schlachtkreuzer *Invincible*, der bei Jütland mit 1026 Mann an Bord explodierte und versank. Auch Konteradmiral H. L. A. Hood verlor dabei sein Leben.

das deutsche U-Boot *U.9* (Kapitänleutnant Otto Weddigen) 30 Meilen südwestlich von Ijmuiden, Holland, in rascher Folge die britischen 12 000-t-Panzerkreuzer *Aboukir*, *Cressy* und *Hogue*, wobei insgesamt 60 Offiziere und 1400 Seeleute ihr Leben verloren. Nur wenige Wochen später folgten die Nachrichten von der britischen Niederlage im Südatlantik.

DIE SCHLACHT UM DEN SÜDATLANTIK

Als der Krieg ausbrach, hatte sich ein deutsches Marinegeschwader unter Vizeadmiral Graf von Spee, das bis dahin in Tsingtao in China stationiert war, auf den Weg nach Hause gemacht. Zum Geschwader gehörten die Panzerkreuzer *Scharnhorst* und *Gneisenau* und die drei leichten Kreuzer *Leipzig*, *Dresden* und *Nürnberg*. Gegen Ende Oktober 1914 befand sich das Geschwader an der Westküste Südamerikas, bereit für die Umrundung von Kap Hoorn und die Einfahrt in den Atlantik. Nur ein zusammengewürfeltes britisches Geschwader unter Admiral Sir Christopher Cradock stand den deutschen Schiffen noch im Weg. Cradock verfügte über die Panzerkreuzer *Good Hope* und *Monmouth*, den leichten Kreuzer *Glasgow*, das Hilfsschiff *Otranto* und die alte Vor-Dreadnought *Canopus*.

Die 1912 fertig gestellte *Good Hope* mit 14 000 t Verdrängung hatte je ein altes 233-mm-Geschütz an Bug und Heck sowie 16 ebenfalls überholte 152-mm-Geschütze. Die *Monmouth* mit 9800 t war 1913 fertig gestellt worden und hatte eine Hauptbewaffnung von 14 152-mm-Geschützen, deren Bauart ebenfalls längst überholt war. Die *Glasgow*, obwohl schon 1909 vom Stapel gelaufen, hatte zwei 152-mm- und zehn 100-mm-Geschütze einer neueren Bauart. Das Hilfsschiff *Otranto* war ein umgebautes Linienschiff der Orient-Reederei und konnte in keiner Weise als Kriegsschiff mitgezählt werden. Die *Canopus* von 1897 hatte zwar große 305-mm-Geschütze, war aber nur 15 Knoten schnell, wo ihre Gegner 22 Knoten schafften. Sie nahm auch nicht am Gefecht teil und war 463 km entfernt, als die *Good Hope*, *Monmouth*, *Glasgow* und *Otranto* am 1. November 1914 Admiral von Spees Geschwader vor Coronel an der chilenischen Küste sichteten.

Die hoffnungslos unterlegenen *Good Hope* und *Monmouth* standen bald in Brand; am Abend explodierte die *Good Hope* und versank. Die *Monmouth* folgte ihr bald, worauf die *Glasgow* den Angriff abbrach und flüchtete, um sich der *Canopus* anzuschließen. Beide Schiffe nahmen Kurs auf die Falklandinseln, wo sie den Befehl erhielten, die Funkstation und die Kohle- und Öllager zu verteidigen.

Nach der Zerstörung von Admiral Cradocks Geschwader war die Lage im Südatlantik für die Royal Navy höchst brisant. Von Spee konnte nun die südamerikanische Schifffahrt stilllegen und sogar auf der anderen Seite des Atlantiks die südafrikanischen Handelswege angreifen. Merkwürdigerweise nutzte er diese Gelegenheit aber nicht. Stattdessen ließ er vor Chile seine Schiffe versorgen und die Besatzungen ausruhen, um danach die Falklandinseln anzugreifen, um die dortigen Einrichtungen einzunehmen.

In London hatte Admiral Sir John Fisher Spees Pläne vorausgeahnt und seinen Stabschef, Vizeadmiral Sir

Frederick Doveton Sturdee, mit den Schlachtkreuzern *Invincible* und *Inflexible* in Richtung Süden entsandt. Gleichzeitig erhielten die vor der mittel- und südamerikanischen Küste stationierten britischen Kriegsschiffe – die Kreuzer *Cornwall*, *Kent*, *Caernarvon* und *Bristol* – den Befehl, so schnell wie möglich Kurs auf die Falklandinseln zu nehmen, um dort die *Glasgow* und die *Canopus* zu unterstützen.

Von Spee umrundete Kap Hoorn Anfang Dezember und sichtete die Falklandinseln am 8. Dezember. Als die fünf deutschen Schiffe die Funkstation ansteuerten, wurden sie von der *Canopus* unter Beschuss genommen. Sie bereiteten noch ihre eigenen Geschütze vor, als drei britische Kreuzer aus der Bucht von Ostfalkland kamen. Von Spee brachte seine beiden großen Schiffe in eine Position, in der sie das Feuer auf die *Canopus* konzentrieren konnten, während die *Leipzig* den Befehl erhielt, mögliche Torpedoangriffe durch die leichten britischen Kreuzer zu verhindern. Um etwa 9.20 Uhr stellte von Spee seine Schiffe in einer neuen Front auf, etwa 10 km vom Hafen entfernt. Angeführt von der *Gneisenau*, folgten die *Dresden*, *Scharnhorst*, *Nürnberg* und *Leipzig*. Die Deutschen wollten ein bewegliches Gefecht, in dem sie mit ihren schnellen Schiffen ihre Gegner leicht ausmanövrieren konnten.

Von Spee wusste aber nicht, dass, verborgen von den Anhöhen hinter dem Hafen, die Schlachtkreuzer *Invincible* und *Inflexible* warteten, denn sie waren am Tag zuvor angekommen. Nun tauchten sie um 9.45 Uhr hinter einer Nebelwand auf, die der letzte britische Kreuzer angelegt hatte. Zu spät merkte von Spee, dass er in eine sorgfältig vorbereitete Falle getappt war.

Um 12.30 Uhr setzte Admiral Sturdee seine beiden Schlachtkreuzer mit 28 Knoten von der *Caernarvon*, *Kent* und *Cornwall* ab und eröffnete auf etwa 15 700 m das Feuer auf das hinterste deutsche Schiff. Von Spee erkannte, dass er vor den Briten nicht fliehen konnte, drehte sein Schiff auf die Breitseite und nahm die *Invincible* unter Feuer, während die *Gneisenau* die *Inflexible* bekämpfte. Die drei leichten deutschen Kreuzer fielen aus der Linie und versuchten sich in den nächsten neutralen Hafen zu retten. Sie wurden von der *Kent*, *Cornwall* und *Glasgow* verfolgt, während die *Caernarvon* den Schlachtkreuzern folgte, um notfalls Hilfe leisten zu können.

Sturdee setzte gegen die deutschen Schiffe die gleiche Taktik ein, die von Spee gegen Admiral Cradock angewandt hatte: Er nutzte seine überlegene Geschwindigkeit und Bewaffnung. Um 16.17 Uhr, nach einem dreistündigen Schlagabtausch, ging die *Scharnhorst* mit dem Heck voraus unter. Die beiden Schlachtkreuzer konzentrierten sich nun auf die *Gneisenau*. Diese wehrte sich trotz aller Unterlegenheit tapfer und wurde zu einem brennenden Wrack geschossen, bevor sie um 18.00 Uhr unterging. Von den 800 Mann an Bord konnten nur 200 gerettet werden; mit der *Scharnhorst* waren alle 860 Mann untergegangen.

Die britischen Kreuzer hatten unterdessen die fliehenden deutschen Schiffe verfolgt. Die *Leipzig* wurde durch die *Glasgow* und die *Cornwall* versenkt, während die HMS *Kent* die *Nürnberg* nach einer fünfstündigen Verfolgung versenkte. Kapitän Allen von der *Kent* hatte seine Maschinisten und Heizer angestachelt, das Unmögliche zu versuchen; die *Kent* war nämlich ein

UNTEN: Der Schlachtkreuzer *Goeben* flüchtete beim Ausbruch des Ersten Weltkriegs nach Konstantinopel und trat als *Yavuz Sultan Selim* in türkische Dienste.

GOEBEN

Bewaffnung: Zwölf 150-mm-, zehn 280-mm-Geschütze
Verdrängung: 25 300 t
Länge: 186,5 m
Breite: 29,5 m
Antrieb: Vier Schraubenturbinen
Geschwindigkeit: 28 Knoten
Besatzung: 1053 Mann

Schwesterschiff der *Monmouth*, die von der *Nürnberg* versenkt worden war, ohne dass die Besatzung gerettet werden konnte. Die Männer der *Kent* sannen auf Rache und verfeuerten alles Brennbare. Eine Zeit lang war der alte Kreuzer sogar einen Knoten schneller als zu seiner Blütezeit, bis er endlich seinen Feind in Reichweite der Geschütze hatte. Vom deutschen Pazifikgeschwader konnte nur die *Dresden* entkommen. Aber auch ihre Tage waren gezählt. Am 14. März 1915 holten die Kreuzer *Kent* und *Glasgow* sie vor Juan Fernandez ein. Sie wurde zu einem Wrack geschossen und schließlich von der eigenen Besatzung versenkt.

DEUTSCHE BOMBENANGRIFFE

Die Freude über Sturdees Sieg vor den Falklands wurde schon eine Woche später durch einen neuen Schrecken getrübt. Die deutsche Flotte machte eine Reihe von Blitzangriffen auf Städte an der britischen Ostküste, weil sie hoffte, damit die britische Flotte in einen Hinterhalt zu locken. Die britische Admiralität wusste zwar von diesen Plänen, weil ihre Experten die deutschen Marinecodes geknackt hatten, war aber trotzdem schockiert, als die deutschen Schlachtkreuzer *Seydlitz*, *Moltke* und *Blücher* am frühen Morgen des 16. Dezember 1914 tatsächlich West Hartlepool bombardierten, während die *Derfflinger* und die *Von der Tann* Scarborough und Whitby beschossen. Dabei gab es 127 Tote und 567 Verwundete unter der Zivilbevölkerung. Die *Moltke* und die *Blücher* wurden zwar von den britischen Küstenbatterien getroffen, konnten aber im Nebel entkommen.

Die britischen Verbände – das 1. Schlachtkreuzergeschwader unter Admiral Beatty und das 2. Schlachtgeschwader unter Admiral Warrender – waren bereits auf See, um die Angreifer abzufangen, die bei der Annäherung an die britische Küste von Zerstörern gesichtet worden waren. Diese waren um 4.45 Uhr vom deutschen Kreuzer *Hamburg* und dessen leichten Geleitschiffen angegriffen worden. Der Zerstörer HMS *Hardy* wurde kampfunfähig geschossen, die *Ambuscade* und *Lynx* beschädigt. Am Vormittag kehrten die deutschen Schlachtkreuzer von den Angriffen zurück und fuhren nur wenige Meilen hinter dem 2. Schlachtgeschwader vorbei. Dieses sichtete die deutschen Schiffe und wendete, um sie anzugreifen. Allerdings war das Wetter ausgesprochen schlecht und die leichten Kreuzer erhielten missverständliche Signale von Beatty, worauf sie die Jagd abbrachen. Damit hatte man eine ausgezeichnete Gelegenheit verpasst, dem Feind eine Niederlage beizubringen.

Eine weitere Gelegenheit wurde am 24. Januar 1915 vertan, als die deutsche Flotte einen Angriff auf die südöstliche Doggerbank einleitete. Beattys 1. Schlachtkreuzergeschwader mit seinem Flaggschiff HMS *Lion* und der *Princess Royal*, *Tiger*, *New Zealand* und *Invincible* sichtete die deutschen Schlachtkreuzer *Seydlitz*, *Moltke* und *Derfflinger* zusammen mit dem Panzerkreuzer *Blücher*, sechs leichten Kreuzern und einer Reihe von Zerstörern, die in Richtung Westen fuhren. Die deutschen Schiffe drehten ab und nahmen Kurs auf ihren Heimathafen. Dabei wurden sie mit 28 Knoten verfolgt und um 9.00 Uhr endlich östlich von der Doggerbank gestellt. Die britische Linie wurde von der HMS *Lion* angeführt, die aber nach einem Treffer aus-

UNTEN: Das Großkampfschiff *Helgoland* wurde bei Jütland von einem Geschoss getroffen. Nach der Schlacht gab man das Ziel einer Vorherrschaft in der Nordsee auf.

HELGOLAND

Bewaffnung: 14 150-mm-, zwölf 305-mm-Geschütze
Verdrängung: 24 312 t
Länge: 166,4 m
Breite: 28,5 m
Antrieb: Drei Schrauben, Dreifachexpansionsmaschinen
Geschwindigkeit: 20,3 Knoten
Besatzung: 1113 Mann

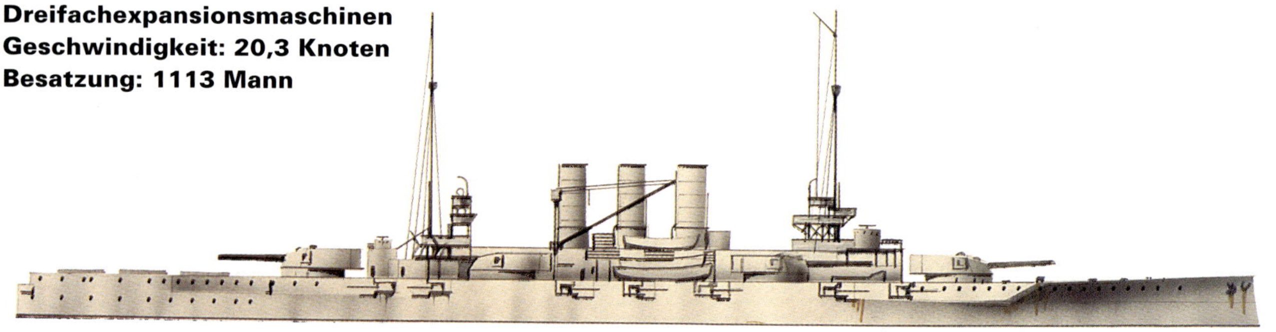

OBEN: Der deutsche Schlachtkreuzer *Seydlitz* wurde bei Jütland von 23 Treffern stark beschädigt. Das Foto zeigt deutlich die Wirkung der Treffer.

fiel. Beatty ließ seine Flagge dann auf der *Princess Royal* hissen. Während des Gefechts wurde die *Blücher* versenkt und die *Derfflinger* und die *Seydlitz* schwer beschädigt. Die Briten hätten der deutschen Flotte noch viel mehr Schaden zufügen können, aber Beatty glaubte irrtümlich, das Periskop eines U-Boots gesehen zu haben, und ließ seine frühzeitig Flotte abdrehen.

JÜTLAND

Erst am 31. Mai 1916 standen sich die deutsche und die britische Schlachtflotte gegenüber, und zwar bei Jütland. Die Royal Navy hatte die Schlachtkreuzerflotte (1. und 2. Geschwader) mit der HMS *Lion* (Adm. Beatty), *Princess Royal* (Adm. Brock), *Tiger*, *Queen Mary*, *New Zealand* (Adm. Pakenham) und der *Indefatigable* aufgeboten, unterstützt vom 5. Schlachtgeschwader mit den Schlachtschiffen HMS *Barham* (Adm. Evan-Thomas), *Warspite*, *Valiant* und *Malaya*. Sie befanden sich vor der Hauptflotte, die von Admiral Lord Jellicoe geführt wurde.

Um 14.20 Uhr sichteten die leichten Verbände vor der Schlachtkreuzerflotte deutsche Schiffe in Ost-Südost und meldeten sie an Admiral Beatty, der seine Schiffe nach Süd-Südost abdrehen ließ, um den Gegner abzufangen. Um 14.35 Uhr änderte er seinen Kurs erneut und hinterließ dichten Rauch, der von Ost-Nordost deutlich sichtbar war. Ein Seeflugzeug startete von der HMS *Engadine* zu einem Aufklärungsflug; es war der erste Einsatz dieser Art im Gefecht.

Um 15.31 sichtete Admiral Beatty das deutsche Schlachtkreuzergeschwader, bestehend aus der *Lützow* (Admiral Hipper), *Derfflinger*, *Seydlitz*, *Moltke* und *Von der Tann*, das in Richtung Ost-Nordost fuhr. Die britischen Schlachtkreuzer näherten sich aus 21 000 m Entfernung mit 25 Knoten, während das 5. Schlachtgeschwader, 9150 m dahinter, schnell aufholte.

Um 15.48 Uhr eröffneten beide Schlachtkreuzerverbände fast gleichzeitig das Feuer über 17 000 m. In den folgenden zehn Minuten verringerte sich die Kampfentfernung auf etwa 14 600 m.

Um 16.06 erhielt die HMS *Indefatigable* eine Salve von der *Von der Tann*. Das Magazin des Schlachtkreu-

DERFFLINGER

Bewaffnung: Acht 305-mm-Geschütze
Verdrängung: 30 223 t
Länge: 210 m
Breite: 29 m
Antrieb: Vier Schraubenturbinen
Geschwindigkeit: 28 Knoten
Besatzung: 1112 Mann

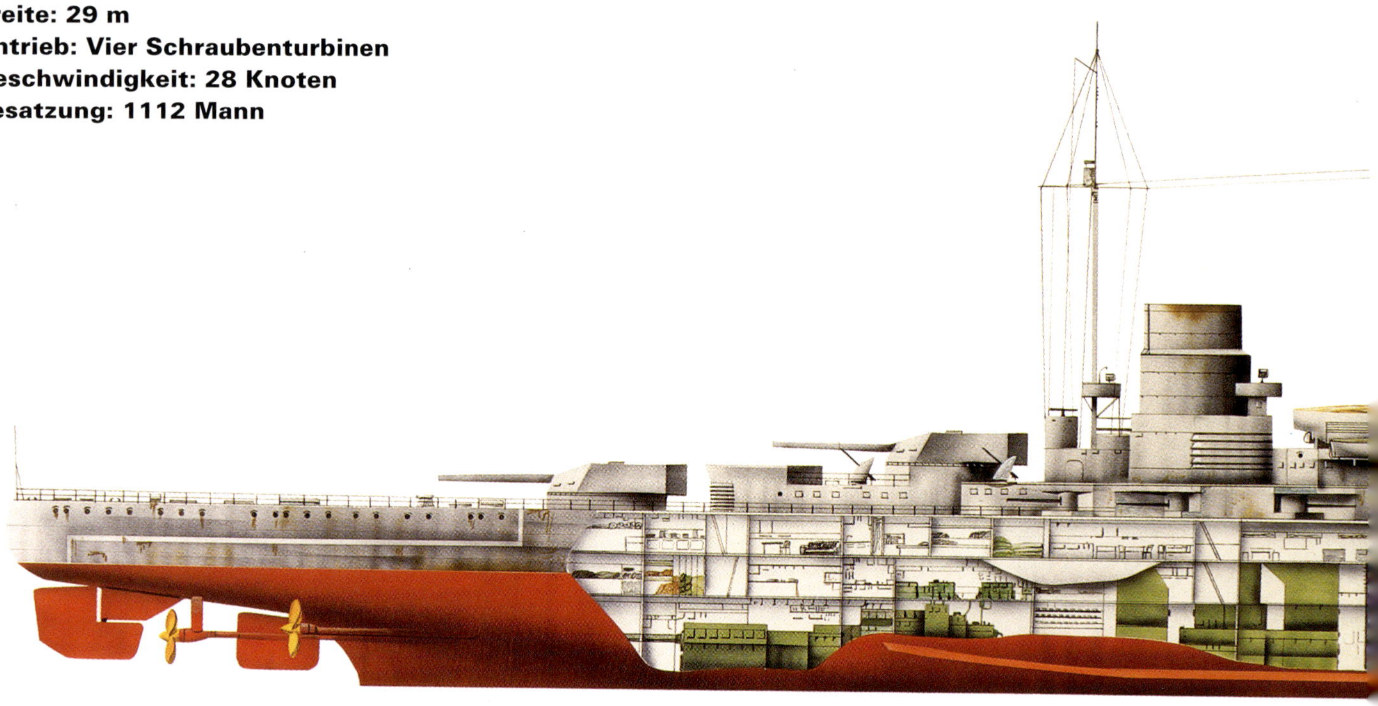

zers explodierte; eine zweite Salve traf das Wrack und vollendete die Zerstörung. Das Schiff versank in wenigen Minuten mit 1017 Mann an Bord.

Um 16.08 Uhr schloss sich das 5. Schlachtgeschwader auf etwa 18 000 m dem Gefecht an. Es eröffnete präzises Feuer auf die leichte Kreuzerstaffel der Deutschen und trieb sie nach Osten. 20 Minuten später wiederholte sich die frühere Katastrophe, als der Schlachtkreuzer *Queen Mary* aus der „Lion"-Klasse einen Volltreffer von der *Derfflinger* erhielt, explodierte und versank. Nur neun Mann von insgesamt 1266 überlebten.

Um 16.42 Uhr sichtete Admiral Beatty die deutsche Hochseeflotte unter Admiral Scheer (Flaggschiff *Friedrich der Große*), angeführt vom 3. Geschwader mit Kurs Norden. Darauf drehten die britischen Schiffe um 16° nach backbord; die deutschen Schlachtkreuzer folgten, um die Hochseeflotte zu sichern. Zu dieser Zeit waren die Schiffe von Admiral Beatty und die Hauptschlachtflotte von Admiral Jellicoe etwa 80 km voneinander entfernt. Sie bewegten sich mit 20 Knoten aufeinander zu. Um 16.45 waren die Schiffe der „Queen-Elizabeth"-Klasse des 5. Schlachtgeschwaders bereit zum Angriff. Die *Barham* und die *Valiant* unterstützten die Schlachtkreuzerflotte, während die *Warspite* und die *Malaya* die deutschen 1. und 3. Hochseegeschwader auf 17 380 m angriffen. Die *Barham* landete einige Treffer auf der *Seydlitz*, die gleichzeitig durch Torpedos britischer Zerstörer angegriffen wurde, während sich die *Valiant* mit der *Moltke* befasste.

Um 18.00 Uhr traf die Hauptflotte unter Admiral Jellicoe (Flaggschiff *Iron Duke*) ein, die seit 16.00 Uhr mit einer „Flottengeschwindigkeit" von 20 Knoten auf Kurs Südost unterwegs gewesen war, die Schlachtflotte in Divisionslinie voraus. Nachdem er von Admiral Beatty den Standort der Hochseeflotte erfahren hatte, gab Jellicoe der Schlachtflotte den Befehl, eine Gefechtslinie zu bilden. Unterdessen hatten die deutschen Schiffe weitere Erfolge erzielt: das Schlachtschiff *Friedrich der Große* versenkte den Panzerkreuzer *Defense* (Konteradmiral Sir Robert Arbuthnot), wobei 893 Seeleute ums Leben kamen, und beschädigte den Panzerkreuzer HMS *Warrior* schwer. Dieser hatte kurz nach 18.05 Uhr den Bug der *Lion* von backbord nach steuerbord gekreuzt, um den leichten deutschen Kreuzer *Wiesbaden* abzuschießen. Die kampfunfähige *Warrior* fuhr gerade hinter dem 5. Schlachtgeschwader vor-

bei (und drehte nach backbord ab, um sich der 6. Division anzuschließen), als das Ruder der *Warspite* klemmte. So musste diese ihre Drehung fortsetzen und geriet unter schweres Feuer, aber die *Warrior* konnte sich zunächst retten. Am nächsten Tag ging sie allerdings bei einem Abschleppversuch unter.

Unterdessen war das 3. Schlachtkreuzergeschwader mit der HMS *Invincible* (Konteradmiral Hood), HMS *Inflexible* und HMS *Indomitable*, um 16.00 Uhr zur Unterstützung von Admiral Beatty abgestellt, von Osten herangekommen, wo es zusammen mit der *Canterbury* und der *Chester* die leichten deutschen Kreuzer attackierte. Dabei wurde der Torpedobootzerstörer *Shark* versenkt. Nachdem er die *Lion* gesichtet hatte, bezog Admiral Hood um 18.16 Uhr Stellung vor der Schlachtkreuzerflotte und bekämpfte die deutschen Schlachtkreuzer aus 7870 m. Kurz nach 18.30 Uhr explodierte die *Invincible* nach zahlreichen Treffern und versank. Trotzdem sorgte die Ankunft von Admiral Hood dafür, dass die deutsche Flotte in einem großen Bogen nach Steuerbord abdrehte, vermutlich weil sie sein Geschwader mit der britischen Schlachtflotte verwechselt hatte. Um 18.31 Uhr bekämpfte die HMS *Iron Duke* das

OBEN: Die *Derfflinger* und ihre beiden Schwesterschiffe *Hindenburg* und *Lützow* liefen alle 1913 vom Stapel und waren wohl die besten Großkampfschiffe ihrer Zeit.

führende Schiff des „König"-Geschwaders auf 11 000 m. Auf dem Steuerbordflügel hatte die HMS *Marlborough* (Adm. Burney) um 18.17 Uhr bereits das Feuer auf ein Schiff der „Kaiser"-Klasse eröffnet. Innerhalb von zwei Minuten war die Schlachtflotte, nun 17 Knoten schnell, voll in das Gefecht verwickelt, obwohl die Artillerie mit Rauch und Nebel zu kämpfen hatte. Die *Lützow* musste schwer beschädigt abdrehen, und die *Derfflinger* stellte das Feuer ein. Wenige Minuten später änderte die britische Flotte ihren Kurs divisionsweise nach Süden, um an die deutsche Flotte heranzukommen. Die *Lützow* stand nun in Flammen und hatte starke Schlagseite. Sie wurde später aufgegeben und durch einen deutschen Zerstörer versenkt.

Um 19.00 Uhr befahl Admiral Jellicoe dem 2. Schlachtgeschwader, vor der *Iron Duke* Stellung zu beziehen, und dem 1. Schlachtgeschwader, sich dahinter anzuschließen. Während der nächsten halben Stunde nahmen die britischen Schiffe ihre Ziele periodisch, aber

OBEN: Das Ausmaß der Schäden eines einzigen Treffers, die die *Derfflinger* bei der Schlacht von Jütland erlitt, wird erst im Vergleich mit dem Seemann recht deutlich.

wirksam unter Feuer, und zwar aus Entfernungen zwischen 13 700 m (Vorhut) und 7800 m (Nachhut). 15 Minuten später zog Admiral Scheer seine Hauptflotte zurück und befahl den angeschlagenen Schlachtkreuzern, am Feind zu bleiben; das Hauptgefecht war allerdings praktisch vorüber. Um 19.37 Uhr brachen die deutschen Schlachtkreuzer mit der *Derfflinger*, die die Führung von der angeschlagenen *Lützow* übernommen hatte, das Gefecht ab. Als am 1. Juni der Morgen über der Nordsee heraufzog, hatten sich die Flotten nach letzten sporadischen Gefechten in der Nacht aufgelöst und kehrten gegen Mittag in ihre jeweiligen Heimatstützpunkte zurück. Jellicoe hatte eigentlich die Absicht gehabt, die Hochseeflotte zu verfolgen und zu zerstören. Dass er es letztendlich nicht tat, lag an mehreren Faktoren – ungenaue Meldungen, fehlende Initiative bei seinen Kapitänen und das Versäumnis der Admiralität, wichtige Informationen über die Bewegungen des Gegners weiterzugeben. Schließlich hatten die Deutschen weit mehr ausgeteilt, als sie einstecken mussten. Sie hatten ein

Schlachtschiff (die bei einem nächtlichen Torpedoangriff gesunkene *Pommern*), einen Schlachtkreuzer, vier Kreuzer und fünf Zerstörer verloren, die Briten hingegen drei Schlachtkreuzer, drei Kreuzer und acht Zerstörer. Die Briten verloren 6097 Seeleute, die Deutschen dagegen nur 2551.

Trotzdem hatte die Royal Navy damit einen strategischen Sieg erzielt. Erst im November 1918 verließ die deutsche Hochseeflotte wieder ihren Stützpunkt Wilhelmshaven in voller Stärke, und zwar nach der Kapitulation. Die Schiffe nahmen Kurs auf Scapa Flow, wo sie interniert und 1919 von ihren eigenen Besatzungen in einer letzten Trotzreaktion versenkt wurden.

DIE DARDANELLEN

Im Mittelmeerraum spielten sich die wichtigsten Operationen bei den Dardanellen ab. Die Türkei hatte sich den Mittelmächten (Deutschland und Österreich) angeschlossen und übte Druck auf die Russen im Kaukasus aus. Um diesen Druck zu verringern, entschlossen sich England und Frankreich zu einer gemeinsamen Operation, um den Durchbruch durch die Dardanellen, die gewundene, tückische, 64 km lange Meeresstraße zwischen der Ägäis und dem Marmarameer, zu erzwingen. Sie wollten eine Expeditionsstreitkraft vor Istanbul aufmarschieren lassen, um mit dieser Machtdemonstration die Türkei aus dem Krieg zu zwingen.

Die Türken waren aber bereit zu reagieren. Mit deutscher Hilfe hatten sie die Gewässer vermint und mächtige Küstenbatterien vor den Minenfeldern aufgestellt, sodass an Minenräumen überhaupt nicht zu denken war. Also mussten zuerst diese Batterien vernichtet werden, und das ging nur mit der Schiffsartillerie. So wurde eine imposante englisch-französische Flotte mit 14 Vor-Dreadnought-Schlachtschiffen (vier davon französisch), dem Schlachtkreuzer *Inflexible* und der neuen Dread-

UNTEN: Der Schlachtkreuzer HMS *Invincible* zerbrach vor Jütland in zwei Teile und versank. Der Zerstörer *Badger* versucht, die einzigen sechs Überlebenden zu retten.

QUEEN ELIZABETH

Bewaffnung: Acht 380-mm-, 16 152-mm-Geschütze
Verdrängung: 33 020 t
Länge: 196,8 m
Breite: 27,6 m
Antrieb: Vier Schraubenturbinen
Geschwindigkeit: 23 Knoten
Besatzung: 951 Mann

OBEN: Die Dreadnought *Queen Elizabeth* wurde 1915 bei den Dardanellen eingesetzt und schloss sich später der Grand Fleet an. Im Zweiten Weltkrieg kam sie häufig zum Einsatz.

nought *Queen Elizabeth* zusammengestellt.

Die Bombardierung der Stützpunkte an der Einfahrt zu den Dardanellen begann am 19. Februar 1915, wobei die Flugzeuge vom Flugzeugmutterschiff *Ark Royal* für die Aufklärung sorgten. Die Stützpunkte wurden zerstört, sodass die ersten sechs Kilometer geräumt werden konnten. Am 26. Februar rückten die Vor-Dreadnoughts *Albion*, *Majestic* und *Vengeance* an die Grenze des geräumten Gebietes vor und beschossen Fort Dardanus.

Die Bombardierung setzte sich im März fort. Beteiligt waren die Vor-Dreadnoughts *Triumph*, *Ocean*, *Canopus*, *Siwftsure*, *Cornwallis*, *Irresistible*, *Prince George*, *Agamemnon* und *Lord Nelson* sowie die *Queen Elizabeth*, die mit ihren 380-mm-Geschützen die verwundbaren Rückseiten der Befestigungen zerstörte.

Trotz der mächtigen Feuerkraft ging es quälend langsam voran. Die Verlegung von Minen wurde durch starke Suchscheinwerfer und genaues Feuer vereitelt. Um den Stillstand zu beenden, wurde schließlich am 18. März 1915 ein Großangriff mit drei Geschwadern gestartet. Er endete mit einer Katastrophe. Die *Irresistible*, *Ocean* und *Bouvet* liefen auf Minen und sanken,

während die *Inflexible* und die *Gaulois* beschädigt wurden. Als Ersatz stellte die Royal Navy die Vor-Dreadnoughts *Queen* und *Implacable* ab.

Inzwischen war allen militärischen Führern klar, dass ohne Unterstützung durch Landstreitkräfte die Dardanellen nicht einzunehmen waren. So begann im April 1915 der verhängnisvolle Gallipoli-Feldzug, die bis dahin größte Landungsoperation überhaupt. Die Kriegsschiffe unterstützten die Landstreitkräfte, bis diese im Januar 1916 nach entsetzlichen Verlusten durch Feindfeuer und Krankheiten evakuiert werden mussten. Die Royal Navy verlor bei dieser Operation noch drei weitere Vor-Dreadnoughts. Das Schlachtschiff *Goliath* wurde im Mai 1915 durch den türkischen Zerstörer *Muavenet* torpediert (570 Tote), während die *Triumph* und die *Majestic* im gleichen Monat durch das deutsche U-Boot *U.21* torpediert wurden (73 und 40 Tote).

Das Flugzeugmutterschiff *Ben-My-Chree* ging hingegen in die Geschichte ein. Sie kam am 12. Juni 1915 an und brachte zwei Short-Seeflugzeuge mit. Diese waren gerade erst mit Torpedos ausgerüstet worden und konnten einige gegnerische Transportschiffe versenken. Danach operierte die *Ben-My-Chree* Ende 1916 und Anfang 1917 im östlichen Mittelmeer, im Roten Meer und im Indischen Ozean, bevor sie im Januar 1917 durch feindliches Feuer vor Castellorizo in Kleinasien versenkt wurde.

Die Tage dieses Schiffstypen waren aber schon gezählt. Im Jahr 1917 war die Royal Navy allen anderen Marinen in der Entwicklung richtiger Flugzeugträger weit voraus. Es handelte sich um Schiffe mit Flugdecks, auf denen Landflugzeuge operieren konnten. Das erste Schiff dieser Art war der leichte Schlachtkreuzer HMS *Furious*, der kurz nach Kriegsausbruch auf Kiel gelegt worden war. Die *Furious* lief am 15. August 1916 vom Stapel, ausgerüstet mit einem Flugdeck vor dem Aufbau. Später erhielt sie ein durchgehendes Flugdeck und Hangars für 16 Flugzeuge (ab 1918 Sopwith Camels). Außerdem erhielt sie Werkstätten, elektrisch betriebene Aufzüge von den Hangars zu den Flugdecks und eine primitive Fanganlage, bestehend aus Haltetauen, die an Kreuzstücken befestigt waren.

Die ähnlich ausgerüstete HMS *Cavendish* wurde im Oktober 1918 in Dienst gestellt und später in HMS *Vindictive* umgetauft. Sie wurde aber nur kurz 1919–1920 im Rahmen der alliierten Interventionsstreitkräfte in Nordrussland und in der Ostsee eingesetzt. Die Entwicklung konzentrierte sich nun auf drei neue Träger mit durchgehenden Flugdecks – die HMS *Hermes*, HMS *Argus* und HMS *Eagle* mit jeweils 10 850 t. Nur die HMS *Argus* kam noch vor dem Ende des Krieges zur Flotte.

OBEN: Die im Oktober 1913 vom Stapel gelaufene Dreadnought *Queen Elizabeth* wurde zwischen den Kriegen zweimal umgebaut und diente zuletzt in der Fernostflotte.

VERLUSTE AN SCHLACHTSCHIFFEN – 1914–1918

Unten sind in chronologischer Reihenfolge die Verluste der großen Nationen während des Ersten Weltkriegs aufgeführt.

Österreich-Ungarn
10.12.1917
WIEN
SCHLACHTSCHIFF ZWEITER KLASSE
vom italienischen Torpedoboot *MAS9* im Hafen von Triest torpediert und versenkt.

10.6.1918
SZENT ISTVAN
GROSSKAMPFSCHIFF
vom italienischen Torpedoboot *MAS15* auf der Insel Premuda torpediert und versenkt

1.11.1918
VIRIBUS UNITIS
GROSSKAMPFSCHIFF
von italienischen Froschmännern in Pola versenkt

Frankreich
18.3.1915
BOUVET
VOR-DREADNOUGHT
bei den Dardanellen auf eine Mine gelaufen, explodiert und gesunken.

26.11.1916
SUFFREN
VOR-DREADNOUGHT
von *U.52* in Lissabon torpediert und versenkt.

27.10.1915
GAULOIS
VOR-DREADNOUGHT
von *U.47* bei der Insel Cerigo torpediert und versenkt.

19.3.1917
DANTON
VOR-DREADNOUGHT
von *U.64* bei Sardinien torpediert und versenkt.

Deutschland
1.6.1916
POMMERN
VOR-DREADNOUGHT
von britischen Zerstörern bei Jütland versenkt.

1.6.1916
LÜTZOW
SCHLACHTKREUZER
von einem deutschen Zerstörer nach Gefechtsschäden bei Jütland versenkt.

Großbritannien
27.10.1914
AUDACIOUS
DREADNOUGHT
bei der Insel Tory auf eine Mine gelaufen.

26.11.1914
BULWARK
VOR-DREADNOUGHT
vor Anker bei Sheerness explodiert und gesunken.

1.1.1915
FORMIDABLE
VOR-DREADNOUGHT
von *U.24* bei Portland Bill versenkt.

18.3.1915
IRRESISTIBLE
VOR-DREADNOUGHT
bei den Dardanellen auf eine Mine gelaufen.

18.3.1915
OCEAN
VOR-DREADNOUGHT
bei den Dardanellen auf eine Mine gelaufen.

13.5.1915
GOLIATH
VOR-DREADNOUGHT
durch den türkischen Zerstörer *Muavenet* bei Kap Helles torpediert und versenkt.

25.5.1915
TRIUMPH
VOR-DREADNOUGHT
von *U.21* bei den Dardanellen torpediert und versenkt.

27.5.1915
MAJESTIC
VOR-DREADNOUGHT
von *U.21* bei den Dardanellen torpediert und versenkt.

6.1.1916
KING EDWARD
VOR-DREADNOUGHT
im Schlepp nach Minenschaden bei Cape Wrath gekentert und gesunken.

27.4.1916
RUSSELL
VOR-DREADNOUGHT
bei Malta auf eine Mine gelaufen.

31.5.1916
INVINCIBLE
SCHLACHTKREUZER
bei Jütland explodiert und gesunken.

31.5.1916
INDEFATIGABLE
SCHLACHTKREUZER
bei Jütland explodiert und gesunken.

31.5.1916
QUEEN MARY
SCHLACHTKREUZER
bei Jütland explodiert und gesunken.

9.1.1917
CORNWALLIS
VOR-DREADNOUGHT
von *U.32* bei Malta torpediert und versenkt.

9.7.1917
VANGUARD
DREADNOUGHT
durch Explosion bei Scapa Flow zerstört.

9.11.1918
BRITANNIA
VOR-DREADNOUGHT
von *U.50* bei Kap Trafalgar torpediert und versenkt.

Italien
27.9.1915
BENEDETTO BRIN
VOR-DREADNOUGHT
bei Brindisi aus unbekanntem Grund explodiert.

2.8.1916
LEONARDO DA VINCI
GROSSKAMPFSCHIFF
bei Taranto explodiert und gekentert.

11.12.1916
REGINA MARGHERITA
VOR-DREADNOUGHT
bei Valona auf Minen gelaufen.

Japan
14.1.1917
TSUKUBA
PANZERKREUZER
in Yokosuka durch Explosion des Magazins zerstört.

Russland
20.10.1916
IMPERATRIZA MARIA
GROSSKAMPFSCHIFF
bei Sebastopol explodiert.

4.1.1917
PERESWJET
VOR-DREADNOUGHT
bei Port Said auf Minen gelaufen.

17.10.1917
SLAWA
VOR-DREADNOUGHT
durch eigene Besatzung in der Straße von Moonsund versenkt.

18.6.1918
SWOBODNAYA ROSSIA
GROSSKAMPFSCHIFF
durch eigene Besatzung bei Noworossisk versenkt.

Türkei
13.12.1914
MESSUDIEH
SCHIFF MIT ZENTRALBATTERIE
durch britisches U-Boot *B.11* bei Chanak torpediert und versenkt.

8.8.1915
HAIRREDIN BARBAROSSA
VOR-DREADNOUGHT
durch britisches U-Boot *E.11* in den Dardanellen torpediert und versenkt.

OBEN: Französisches Feuer in den Dardanellen. Die französische Marine leistete den Alliierten bei diesem Feldzug wertvolle Unterstützung.

UNTEN: Das Schlachtschiff HMS *Cornwallis* bombardiert türkische Stellungen bei den Dardanellen. Hier kamen die älteren Vor-Dreadnoughts der Royal Navy zum Einsatz.

1號艦

Kapitel 6

Das Rennen ins Verderben, 1919–1939

Das Versenken der deutschen Hochseeflotte bei Scapa Flow leitete ein neues Zeitalter der Seekriegsführung ein. Der Krieg hatte gezeigt, dass U-Boote und Flugzeugträger an der Vormachtstellung des Schlachtschiffs rüttelten. So wurde dieses immer schneller und stärker. Obwohl die meisten Länder nach 1918 ihre Marinen reduzierten, brachten Japan und später auch Deutschland eine neue Bedrohung.

Am Ende des Ersten Weltkriegs verfügte die Royal Navy über 44 Großkampfschiffe, ein weiteres war im Bau. 1920 waren es nur noch 29, was im Allgemeinen als das absolute Minimum galt, die weltweiten Interessen Englands zu verteidigen und mit den emporkommenden Seemächten USA und Japan mitzuhalten. Trotzdem reduzierte die Royal Navy am 6. Februar 1922 mit der Unterzeichnung des Washingtoner Flottenvertrags die Zahl ihrer Großkampfschiffe noch weiter.

LINKS: Die japanische *Yamato* war das stärkste Schlachtschiff im Zweiten Weltkrieg. Hier wird sie im Jahr 1941, wenige Monate vor Pearl Harbour, in der Werft überholt.

Das eigentliche Ziel des Washingtoner Flottenvertrags, der von den Vereinigten Staaten ausgearbeitet wurde und den ersten Abrüstungsvertrag überhaupt darstellt, war die Begrenzung der Flottengröße der fünf größten Seemächte, zu jener Zeit Großbritannien, USA, Frankreich, Italien und Japan. Das bedeutete für die Briten, dass sie durch Verschrottung vorhandener Schiffe und Einstellung neuer Vorhaben die Zahl ihrer Großkampfschiffe auf 20 begrenzen mussten. Da aber ihre Großkampfschiffe älter und nicht so schwer bewaffnet waren wie die der Amerikaner, durften sie auch zwei neue Schiffe als Ersatz für bereits vorhandene Schiffe bauen.

WARSPITE

Bewaffnung: Acht 380-mm-, 16 152-mm-Geschütze
Verdrängung: 33 020 t
Länge: 197 m
Breite: 28 m
Antrieb: Vier Schraubenturbinen
Geschwindigkeit: 23 Knoten
Besatzung: 951 Mann

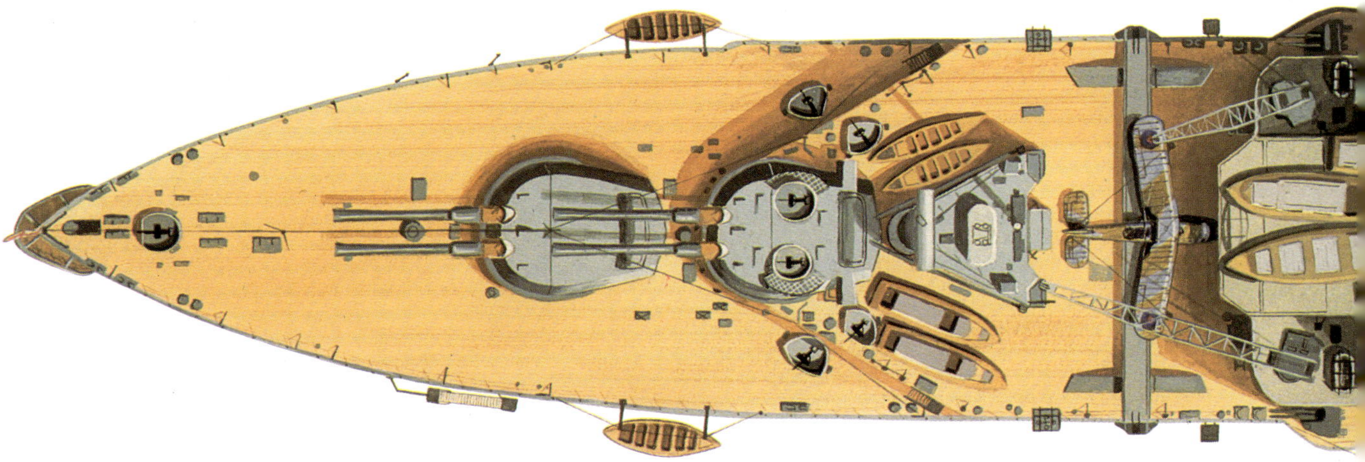

OBEN: Die HMS *Warspite* aus der Dreadnought-Klasse hatte eine lange Laufbahn von Jütland 1916 bis Salerno, wo sie im September 1943 schwer beschädigt wurde.

Die anderen Nationen erhielten ebenfalls die Genehmigung, neue Großkampfschiffe zu bauen, um mehr als 20 Jahre alte zu ersetzen. Im Rahmen des Vertrags durften Frankreich und Italien schon 1927 neue Kriegsschiffe auf Kiel legen, während Großbritannien, die USA und Japan erst im Jahr 1931 beginnen durften. Kein neues Großkampfschiff durfte mehr als 35 000 t oder Geschütze von mehr als 406 mm haben. Die vorhandenen Großkampfschiffe durften auch nicht umgebaut werden; lediglich eine bessere Panzerung als Schutz gegen Luftangriffe und der Einbau eines Wulstbugs gegen Torpedoangriffe waren gestattet. Der Umfang dieser Modifikationen war aber auf insgesamt 3000 t begrenzt.

Im Rahmen des Washingtoner Flottenvertrags wurde auch die Größe der Flugzeugträger festgeschrieben. Jeder der fünf Unterzeichnerstaaten durfte zwei Schiffe

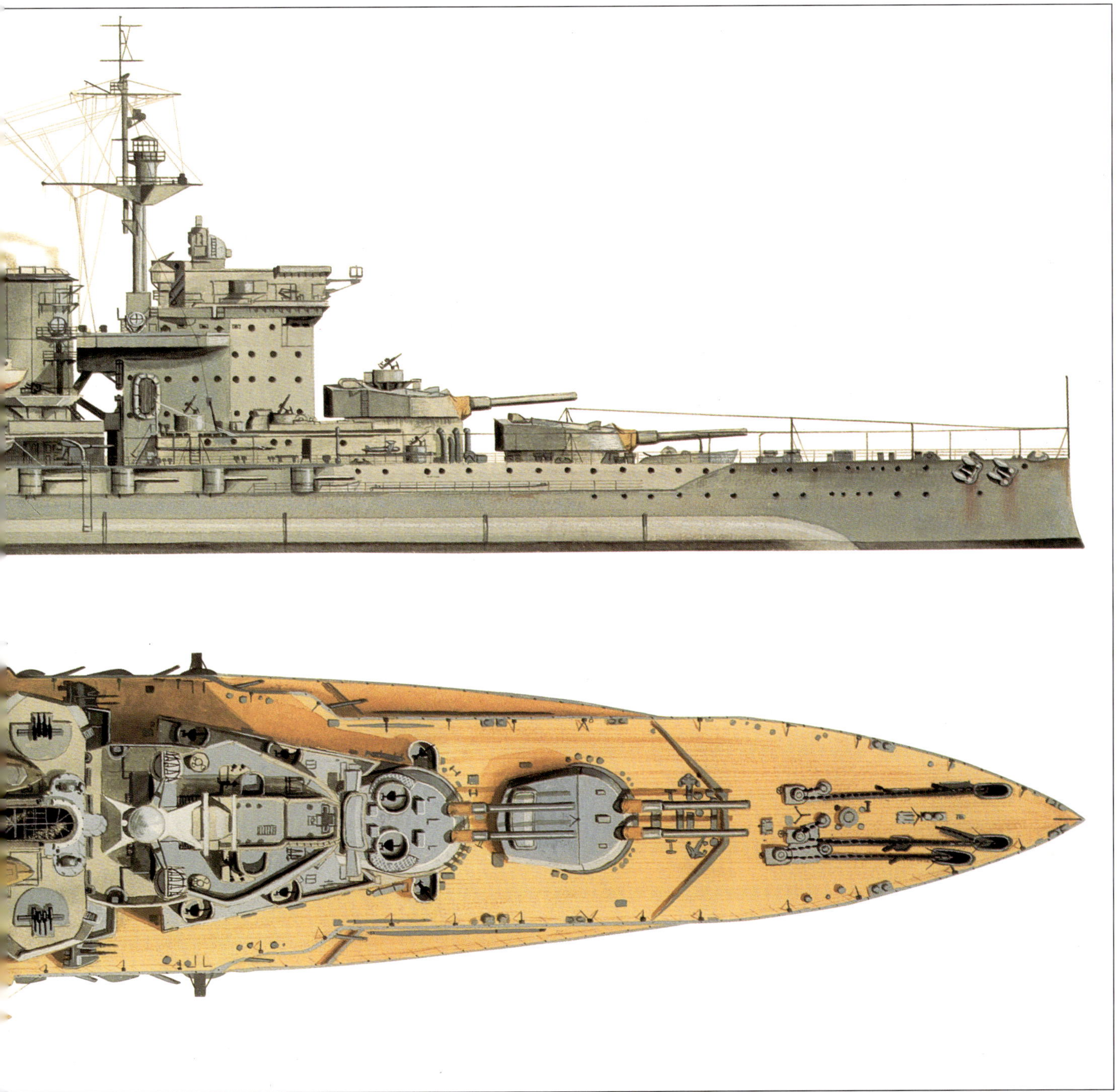

von bis zu 33 000 t bauen; die weiteren Schiffe waren auf 27 000 t begrenzt. Die Gesamttonnage der Flugzeugträger durfte bei Briten und Amerikanern 135 000 t nicht überschreiten. Den Japanern wurden 81 000 t zugestanden; den Franzosen und Italien jeweils 60 000 t. Kein Flugzeugträger durfte mehr als acht 152-mm-Geschütze haben, und sie durften erst nach 20 Jahren ersetzt werden. Alle anderen Kriegsschiffe durften 10 000 t nicht überschreiten und höchstens über 9203-mm-Geschütze verfügen.

DIE MARINEFLIEGER

Die britischen Marineflieger, die zum Ende des Ersten Weltkriegs noch absolut führend in aller Welt waren, gerieten in den Jahren danach in eine Stagnation. Bis 1930 mussten alle Teilstreitkräfte wegen der schwierigen und wechselhaften wirtschaftlichen Lage der Nation um ihr Überleben kämpfen und sich außerdem noch mit den teilweise utopischen Abrüstungsplänen der Politiker auseinander setzen. Da blieb nicht einmal Raum für die äußerst bescheidene Weiterentwicklung

Oben: Das Schlachtschiff HMS *Rodney*, das sich im Zweiten Weltkrieg auszeichnete, wird hier mit 407-mm-Geschossen beladen.

der Marinefliegerei, die die Admiralität angestrebt hatte. So kam es schließlich dazu, dass von den sechs Flugzeugträgern, die Anfang 1939 im Dienst waren, nur ein einziger – die 1935 auf Kiel gelegte und noch in der Erprobung befindliche *Ark Royal* – ein modernes, speziell für diesen Zweck gebautes Schiff war. Vier weitere waren umgebaute Schlachtschiffe oder Schlachtkreuzer, und das Fünfte – die HMS *Furious* – war für diesen Zweck eigentlich viel zu klein. Daneben waren immerhin fünf neue 23 000-t-Flottenträger im Bau oder geplant. Aber es sollte noch 18 lange Monate dauern, bis der Erste von ihnen bereit für die Indienststellung war.

Ein zu erwartendes Ergebnis des Washingtoner Flottenvertrags war, dass alle fünf großen Seemächte bei ihren Kreuzern die 10 000-t-Grenze optimal nutzten und die größtmöglichen Geschütze in diese Schiffe einbauten. Großbritannien legte z. B. sieben Schiffe der „Kent"-Klasse mit 9880 t und acht 203-mm-Geschützen auf Kiel, gefolgt von sechs Schiffen der ähnlich aufgebauten „London"-Klasse. Im Jahr 1929 wurde außerdem ein Programm zum Ersatz von neun Zerstörern pro Jahr eingeleitet. Sie sollten über eine Verdrän-

gung von jeweils 1350 t, vier 120-mm-Geschütze und acht Torpedorohre verfügen. Weiterhin wurde beschlossen, die inzwischen veraltete britische U-Boot-Flotte durch den Bau von neun U-Booten der „O"-Klasse und sechs der „P"-Klasse radikal zu modernisieren.

Um 1930 hatte die Royal Navy eine Stärke von 13 Schlachtschiffen, vier Schlachtkreuzern, sechs Flugzeugträgern, 20 Kreuzern mit 190- oder 203-mm-Geschützen (sowie drei weitere im Bau), 40 weiteren Kreuzern, 146 Zerstörern (zehn weitere im Bau) und 50 U-Booten (zehn weitere im Bau).

Von den Schlachtschiffen der Royal Navy diente die *Iron Duke*, Jellicoes Flaggschiff bei Jütland, inzwischen als Artillerie- und Schulschiff. Die *Queen Elizabeth*, Typenschiff ihrer Klasse, war umfangreich umgebaut worden und mit der HMS *Barham*, die 1931 umgebaut werden sollte, im Mittelmeer stationiert. Zwei weitere Schiffe der „Queen-Elizabeth"-Klasse, die HMS *Malaya* und die HMS *Warspite*, standen noch vor der Überholung, und auch die HMS *Valiant* wurde gründlich erneuert, bevor sie im Mittelmeer stationiert wurde.

Die HMS *Ramillies* und die HMS *Royal Oak* waren 1930 bereits im Mittelmeer stationiert, während ihre Schwesterschiffe HMS *Resolution* und HMS *Revenge* sich gerade in der Umrüstung befanden; die *Royal Sovereign* war bereits kurz zuvor umgerüstet worden und befand sich bei der Home Fleet, ebenso wie die soeben fertig gestellten *Rodney* und *Nelson*. Letztere wurde das Flaggschiff der Flotte. Daneben gab es die Schlachtkreuzer *Renown*, *Repulse* und *Tiger*, alle bei der Home Fleet, und schließlich die mächtige *Hood*, das größte Kriegsschiff überhaupt, die sich in der Umrüstung befand. Ein Jahrzehnt später sollte ausgerechnet die *Hood*, die eigentlich im Ersten Weltkrieg gegen die nie gebauten Schlachtkreuzer der „Mackensen"-Klasse an-

UNTEN: Der Schlachtkreuzer HMS *Tiger* war an den Schlachten bei der Doggerbank und bei Jütland beteiligt und wurde bei beiden beschädigt. 1932 wurde er abgewrackt.

TIGER

Bewaffnung: Acht 343-mm-, zwölf 152-mm-Geschütze
Verdrängung: 35 160 t
Länge: 214,6 m
Breite: 27,6 m
Antrieb: Vier Schraubenturbinen
Geschwindigkeit: 30 Knoten
Besatzung: 1121 Mann

CONTE DI CAVOUR

Bewaffnung: Zehn 320-mm-, zwölf 120-mm-Geschütze
Verdrängung: 29 032 t
Länge: 186 m
Breite: 28 m
Antrieb: Zwei Schraubenturbinen
Geschwindigkeit: 28,2 Knoten
Besatzung: 1200 Mann

OBEN: Die *Conte di Cavour* wurde im November 1940 versenkt, gehoben und nach Triest geschleppt, wo sie durch einen Bombenangriff im Februar 1945 erneut versenkt wurde.

treten sollte, größtenteils damit beschäftigt sein, deren unmittelbare Abkömmlinge, die deutschen Schlachtkreuzer *Scharnhorst* und *Gneisenau,* zu jagen.

DIE WIRTSCHAFTSKRISE

Alle Bauprogramme der großen Seemächte wurden in dieser Zeit schwer von der Wirtschaftskrise beeinträchtigt. Die ganze Welt hatte unter den Folgen der Krise zu leiden. Deshalb trachteten bis auf Japan alle Seemächte danach, die Kosten für den Ersatz der Großkampfschiffe zu sparen, der ja im Rahmen des Washingtoner Flottenvertrags vorgesehen war. So unterzeichneten die fünf größten Seemächte am 22. April in London einen neuen Vertrag. Großbritannien, Japan und die USA kamen überein, vor 1936 keine neuen Großkampfschiffe auf Kiel zu legen, während Italien und Frankreich sich auf die zwei bereits genehmigten Schiffe beschränkten. Außerdem einigten sich die drei erstgenannten Staaten, ihre vorhandenen Flotten weiter zu reduzieren. Großbritannien begnügte sich mit einer Stärke von 15 Großkampfschiffen und verschrottete zu diesem Zweck die HMS *Tiger* und drei Schiffe der „Iron-Duke"-Klasse und baute außerdem die alte *Iron Duke* selbst zum Schul- und Versorgungsschiff um. Die Vereinigten Staaten und Japan erklärten sich ebenfalls bereit, sich auf 15 bzw. neun Großkampfschiffe zu beschränken.

Aber schon innerhalb von drei Jahren waren die Washingtoner und Londoner Verträge durch den Gang der Ereignisse überholt. Im Jahr 1933 hatte Japan die Mandschurei auf dem chinesischen Festland überfallen und die Welt damit in Kenntnis gesetzt, dass es die Vorherrschaft im Fernen Osten anstrebte. Außerdem war es aus dem Völkerbund ausgetreten. Kurz darauf informierte Japan die anderen Staaten, dass es sich nicht mehr an die Flottenverträge gebunden fühlte. Dahinter stand die Absicht, mit den Flotten der Briten und Amerikaner gleichzuziehen. Frankreich, aufgeschreckt durch die feindseligen Entwicklungen im faschistischen Italien, folgte Anfang 1935. Im gleichen Jahr startete Italien unter Missachtung des Völkerrechts einen Feldzug in Abessinien. 1936 schließlich marschierte Deutschland, das den Vertrag von Versailles nicht mehr anerkannte, in das Rheinland ein.

Großbritannien, das nicht nur seine Besitzungen im Fernen Osten potenziell gefährdet sah, sondern sich auch in Europa selbst durch das immer aggressivere Deutschland und das ehrgeizige Italien bedroht fühlte, begann ebenfalls mit der Wiederaufrüstung. Fünf schnelle 35 000-t-Schlachtschiffe der „King-George-V"-Klasse wurden auf Kiel gelegt, jeweils bewaffnet mit zehn 355-mm-Geschützen und 16 133-mm-Mehrzweckgeschützen. Nachdem Japan die Verträge aufgekündigt hatte, folgten vier 40 000-t-Schiffe der „Lion"-Klasse mit jeweils neun 406-mm-Geschützen, die später aber wieder storniert wurden. Gleichzeitig wurden die vorhandenen Großkampfschiffe mit zusätzlicher Panzerung und besseren Geschützen modernisiert.

Auch die Kreuzerflotte wurde gründlich überarbeitet. Acht Schiffe der „Leander"-Klasse mit je 7000 t und acht 152-mm-Geschützen wurden gebaut, gefolgt von vier 5220-t-Schiffen der „Arethusa"-Klasse mit jeweils sechs Geschützen. Damit blieb zumindest die Größe der Kreuzer im Rahmen der vereinbarten Grenzen des Londoner Vertrags. Kurz darauf kam es aber zu einer raschen Wiederaufrüstung: auf acht 9100-t-Schiffe der „Southampton"-Klasse mit 12 152-mm-Geschützen folgten zwei etwas größere Schiffe der „Edinburgh"-Klasse und elf 8800-t-Schiffe der „Fiji"-Klasse mit der

VITTORIO VENETO

Bewaffnung: Neun 380-mm-, zwölf 152-mm-, vier 120-mm-, zwölf 89-mm-Geschütze
Verdrängung: 45 752 t
Länge: 237,8 m
Breite: 32,9 m
Antrieb: Vier Schraubenturbinen
Geschwindigkeit: 31,4 Knoten
Besatzung: 1950 Mann

OBEN: Die *Vittorio Veneto* war beim Ausbruch des Zweiten Weltkriegs das modernste Kriegsschiff Italiens. Sie wurde 1941 zweimal torpediert, überlebte den Krieg aber dennoch.

gleichen Bewaffnung. Außerdem wurden elf Schiffe der „Dido"-Klasse auf Kiel gelegt. Dabei handelte es sich um 5770-t-Schiffe mit zehn 133-mm-Geschützen, die in erster Linie zur Abwehr von Luftangriffen dienten. Neben diesen neuen Kriegsschiffen blieben auch die alten Kreuzer aus der unmittelbaren Nachkriegszeit im Dienst, ebenso wie 23 Schiffe der „C"-, „D"- und „E"-Klasse. Sechs davon erhielten sogar je acht 100-mm-Flugabwehrkanonen. Des Weiteren gab es noch drei überlebende Kreuzer der „Hawkins"-Klasse, von denen einer, die HMS *Effingham*, neun 152-mm-Geschütze erhielt.

Als das neue Jahr 1939 begann, war den britischen Stabschefs klar, dass ein Krieg mit Deutschland und eventuell auch mit dessen Verbündeten Italien unvermeidlich war. Diese Entwicklung hatte sich bereits seit 1936 abgezeichnet, als die deutschen Truppen unter Missachtung des Versailler Vertrags das Rheinland besetzt hatten. Darauf folgten weitere Aggressionen, denen England und Frankreich nur eine Beschwichtigungspolitik entgegensetzten. Zwei Jahre später folgte der kampflose Anschluss Österreichs an das Deutsche Reich.

Nach der Besetzung des Rheinlands wurden in England Pläne zur Erweiterung aller drei Teilstreitkräfte ausgearbeitet. Für die Royal Navy wurde dem Unterhaus ein zusätzlicher Flottenhaushalt vorgelegt, nach dem zwei neue Schlachtschiffe, ein Flugzeugträger und eine Reihe kleinerer Schiffe gebaut werden sollten. Eine überarbeitete Fassung von 1937 umfasste außerdem drei weitere Schlachtschiffe, zwei weitere Flugzeugträger, sieben Kreuzer und wesentlich mehr kleinere Schiffe, vor allem Zerstörer.

Diese Verstärkung der britischen Seestreitkräfte war zwar dringend nötig, aber immer noch zu bescheiden ausgefallen. Sie kam auch viel zu spät, um der Royal Navy die nötigen Mittel zu geben, um gegen die deutsche und die italienische Flotte anzugehen. Diese Flotten waren zwar viel kleiner, dafür aber wesentlich moderner ausgerüstet. Anfang 1939 waren zwar vier neue Schlachtschiffe der „King-George-V"-Klasse im Bau, aber es sollte noch 18 Monate dauern, bevor das erste überhaupt fertig war. Von den 15 vorhandenen Großkampfschiffen waren nur zwei, die *Nelson* und die *Rodney*, in der Zeit nach 1918 gebaut worden.

Die Flotte der französischen Marine war Anfang der 30er Jahre in einem traurigen Zustand. Von den älteren Großkampfschiffen der „Courbet"-Klasse wurden die *Courbet* selbst, die *Jean Bart* und die *Paris* 1927–1931 umgebaut und dann als Schulschiffe eingesetzt (das vierte Schiff der Klasse, die *France*, war im August 1933 in der Quiberon-Bucht auf einen Felsen unter Wasser gelaufen und anschließend untergegangen). Drei modernere Großkampfschiffe, die *Bretagne*, *Lorraine* und *Provence*, wurden 1932–1934 umfangreich umgerüstet. Drei moderne Großkampfschiffe, die *Richelieu*, *Dunkerque* und *Jean Bart* (die alte *Jean Bart* hieß nun *Océan*), waren erst 1935–1937 auf Kiel gelegt worden.

Obwohl allen klar war, dass bei einem eventuellen Seekrieg die Royal Navy die Hauptlast der Gefechte in der Nordsee und im Atlantik tragen würde, sah man vor, dass die französische Marine eine wichtige Rolle beim Schutz der Konvois auf den Handelswegen im südlichen Atlantik und im Kampf gegen Kaperschiffe spielen sollte. Der Mittelmeerraum sollte zwischen England und Frankreich aufgeteilt werden, wobei Frankreich für den westlichen und England für den östlichen Abschnitt zuständig sein sollte. Es gab aber auch Pläne, wonach einige französische Kriegsschiffe unter

YAMATO

Bewaffnung: Neun 460-mm-, zwölf 155-mm-, zwölf 127-mm-Geschütze
Verdrängung: 71 659 t
Länge: 263 m
Breite: 36,9 m
Antrieb: Vier Schraubenturbinen
Geschwindigkeit: 27 Knoten
Besatzung: 2500 Mann

OBEN: Das massive Schlachtschiff *Yamato* und ihr Schwesterschiff *Musashi* wurden von der US-Navy versenkt; die *Musashi* 1944 im Golf von Leyte, die *Yamato* im April 1945 vor Kagoshima.

dem Befehl der britischen Mittelmeerflotte operieren sollten.

Die italienische Marine, die Regia Marina, galt als starker Gegner. Sie besaß zahlreiche moderne Schlachtschiffe und Kreuzer sowie eine Flotte von über 100 U-Booten, unterstützt von einer großen Zahl von Bombern, die der Regia Aeronautica, der italienischen Luftwaffe, angehörten. Angesichts dieser Stärke trafen England und Frankreich den Beschluss, im Kriegsfall das Mittelmeer für den Handelsverkehr völlig zu schließen und alle Schiffe um das Kap der Guten Hoffnung zu leiten. Für diesen Umweg von 17 700 km mussten aber zahlreiche Küstenstationen in Ost- und Westafrika eingerichtet werden.

Die Marineplaner von England und Frankreich waren sich ganz sicher, dass sie zusammen mit der Regia Marina keine Probleme hätten, obwohl sie über deren tatsächliche Kampfkraft nichts wussten: Weder England noch Frankreich hatten jemals einen Seekrieg gegen Italien geführt.

Zwei italienische Großkampfschiffe aus dem Ersten Weltkrieg, die *Conte di Cavour* und die *Giulio Cesare*, waren Anfang der 30er Jahre vollständig überarbeitet worden. 1937 wurden auch die *Andrea Doria* und die *Caio Duilio* umgebaut. In der Zwischenzeit hatte die italienische Admiralität als Antwort auf die potenzielle Bedrohung durch die französische „Dunkerque"-Klasse den Bau einer neuen Schlachtschiffklasse, der „Vittorio Veneto"-Klasse, angeordnet. Das Typenschiff wurde 1934 zusammen mit einem zweiten Schiff, der *Littorio*, auf Kiel gelegt; beide wurden 1940 fertig gestellt. Die *Roma*, ein drittes Schiff aus der gleichen Klasse, wurde erst 1938 auf Kiel gelegt und 1942 fertig gestellt. Es handelte sich um ausgezeichnete, gut konstruierte Schiffe mit neun 380-mm-, zwölf 152-mm-, vier 120-mm- und zwölf 89-mm-Geschützen. Bei einer Verdrängung von 45 752 t waren sie über 31 Knoten schnell. Als Frankreich im Juni 1940 aufgeben musste, stellten die italienischen Schlachtschiffe im Mittelmeer eine starke Herausforderung für die britische Seeherrschaft dar.

Genauso wenig wie über das Seekriegspotenzial Italiens wusste man über die Stärke der japanischen Marine und die ihrer Marineflieger. Es gab so gut wie keine Erkenntnisse über ihre Entwicklung. Bereits 1915 hatte die japanische Marine nach dem Streit mit den Vereinigten Staaten über die japanische Politik in China beschlossen, mehr Kriegsschiffe zu bauen, um mit den Amerikanern gleichzuziehen. Der Plan sah vor, bis 1922 acht Schlachtschiffe und acht Schlachtkreuzer zu bauen. Schließlich wurden aber wegen der Bestimmungen des Washingtoner Flottenvertrags nur die ersten beiden Schlachtschiffe gebaut und zwei weitere als Flugzeugträger fertig gestellt. Die beiden Schlachtschiffe, die *Nagato* und *Mutsu*, hatten jeweils eine Verdrän-

gung von 33 800 t und eine Hauptbewaffnung von acht 406-mm-Geschützen. Beide wurden 1934–1936 bereits umgebaut.

1937 begann Japan unter Missachtung der Bestimmungen der verschiedenen Flottenverträge mit dem Bau der Schlachtschiffe der „Yamato“-Klasse, der größten und stärksten Schlachtschiffe überhaupt. Ein Schiff, die *Shinano*, wurde zum Flugzeugträger umgerüstet und ein geplantes viertes Schiff kam überhaupt nicht zum Bau. Gebaut und 1942 in Dienst gestellt wurden aber die *Yamato* und die *Musashi*, benannt nach japanischen Provinzen. Die riesigen 67 123-t-Kriegsschiffe hatten eine Hauptbewaffnung von je neun 457-mm-Geschützen. Sie wurden unter strengster Geheimhaltung gebaut und sollten es mit jedem feindlichen Verband aufnehmen können. Zerstört wurden beide Schiffe dann aber ausgerechnet durch die Waffe, die Japan die ersten Siege im Pazifik beschert hatte – die Marineflieger.

Bis 1930 hatte die US-Navy eines ihrer wichtigsten Ziele der Zwischenkriegszeit erreicht und in der Anzahl ihrer Großkampfschiffe mit der Royal Navy gleichgezogen. 15 Großkampfschiffe waren inzwischen im Dienst, und alle mussten sich umfangreichen Umrüstungen und Modernisierungen unterziehen. Die Entwicklung setzte sich fort mit den „North-Carolina“- und „South-Dakota“-Klassen von 1937–1938 (*North Carolina*, *Washington*, *Alabama*, *Indiana*, *Massachussetts* und *South Dakota*) mit jeweils 35 000 t Verdrängung und einer Hauptbewaffnung von neun 406-mm-Geschützen. Übertroffen wurden sie aber schon bald von der „Iowa“-Klasse von 1939–1940 (*Iowa*, *Missouri*, *New Jersey* und *Wisconsin*) mit je 45 000 t.

Als der Krieg sich anbahnte, gebärdete sich Japan immer aggressiver gegenüber den Vereinigten Staaten und Großbritannien. Diese hatten aber keine Schiffe übrig, um die vorhandene Flotte zur Verteidigung der britischen Interessen im Fernen Osten – überwiegend ältere Kreuzer und Geleitschiffe – aufzustocken. Japan hatte sich noch nicht mit Deutschland und Italien verbündet, die am 22. Mai 1939 einen Pakt abgeschlossen hatten, die so genannte Achse Berlin-Rom. Die Möglichkeit musste aber in Betracht gezogen werden. Für diesen Fall war geplant, die Fernostflotte aufzustocken, indem der größte Teil der britischen Mittelmeerflotte nach Singapur verlegt wurde. Dann wäre Frankreich im Mittelmeer auf sich allein gestellt gewesen. In Wirklichkeit war aber jedem klar, dass die US-Navy die Hauptlast der Kämpfe gegen Japan im Pazifik tragen würde.

WIEDERAUFRÜSTUNG DEUTSCHLANDS

Dann gab es auch noch Deutschland, dessen immer aggressivere Pläne als stärkste Bedrohung der Sicherheit der westlichen Hemisphäre empfunden wurden.

Im Rahmen des Waffenstillstands von 1918 wurde die deutsche Marine, die sich praktisch im Zustand der Meuterei befand, rasch aufgelöst. Die modernsten und stärksten Schiffe der Hochseeflotte – elf Schlachtschiffe, fünf Schlachtkreuzer, acht Kreuzer und 50 Zerstörer

Oben: **Das amerikanische Schlachtschiff *South Dakota* wird bei der zweiten Schlacht von Santa Cruz am 26. Oktober 1942 von japanischen Torpedobombern angegriffen.**

– wurden nach Scapa Flow bei den Orkney-Inseln gebracht, wo sie interniert und anschließend von den eigenen Besatzungen versenkt wurden. Alle U-Boote der Kaiserlichen Marine wurden in Harwich an England übergeben.

Von den restlichen Schiffen der Flotte wurden sieben Kreuzer an die Marinen Frankreichs und Italiens übergeben. Daneben wurde eine Anzahl von Zerstörern und U-Booten übernommen und in Dienst gestellt. Der Rest der deutschen Flotte wurde zum größten Teil abgewrackt. Die Schiffe, die Deutschland behalten durfte, beschränkten sich auf die Küstenverteidigung und waren in ihrer Bauweise völlig überholt. Es handelte sich um acht Vorkriegs-Schlachtschiffe, acht leichte Kreuzer, 32 Zerstörer und Torpedoboote sowie einige Minensuchboote und Hilfsschiffe. Um sicherzustellen, dass Deutschland nie wieder Kriegsschiffe wie die anderen Marinen haben würde, legten die Alliierten die Obergrenze bei 10 000 t für Großkampfschiffe und 6000 t für Kreuzer fest.

Gleichzeitig wurde am 6. Februar 1922 der Washingtoner Flottenvertrag unterzeichnet. Aber ungeachtet der Verträge entstand schon bald eine neue deutsche Flotte. Das erste mittlere Kriegsschiff nach dem Krieg war der leichte Kreuzer *Emden*, der im Januar 1925 in Wilhelmshaven fertig gestellt wurde. 1934 wurde er von Kohle auf Ölfeuerung umgestellt. Von vornherein für den Auslandsdienst vorgesehen, machte die *Emden* ab 1926 mehrere Fahrten als Schulschiff. Im Zweiten Weltkrieg verlegte sie im September 1939 Minen und nahm im April 1940 am Norwegenfeldzug teil. Danach diente sie im Ausbildungsgeschwader in der Ostsee und unterstützte die Angriffe der deutschen Truppen auf Russland. Zu ihren eher ungewöhnlichen Einsätzen zählte die Evakuierung des Sarges von Feldmarschall von Hindenburg im Januar 1945 aus Königsberg in Ostpreußen. Der Sarg war wegen des russischen Vormarschs aus der Gedenkstätte in Tannenberg gerettet worden. Im April 1945 wurde die *Emden* während eines Bombenangriffs auf Kiel beschädigt und später von der eigenen Besatzung versenkt. 1949 wurde sie schließlich verschrottet.

Ab 1924 wurden auch zwölf neue Torpedoboote gebaut, sechs der „Wolf“-Klasse und sechs der „Möwe“-Klasse, alle in der Werft von Wilhelmshaven. Bei einer Verdrängung von ca. 945 t hatten diese Boote zwei Wellenturbinen und waren 33 Knoten schnell. Alle hatten sechs 530-mm-Torpedorohre, drei 104-mm-Geschütze und vier 20-mm-Fla-Geschütze. Alle zwölf Boote wurden 1929 fertig gestellt und hatten eine Besatzung von jeweils 129 Mann.

Im gleichen Jahr wurde bei den Deutschen Werken in Kiel das erste Kriegsschiff einer neuen Klasse auf Kiel gelegt. Diese Schiffe wurden bei der Flotte als Panzerschiffe bezeichnet, um nicht den üblichen Kate-

UNTEN: Ein Schweißer bei der Arbeit an einem der 406-mm-Geschütztürme der USS *Iowa*. Sie wurde 1943 fertig gestellt. 1958 wurde sie außer Dienst gestellt und konserviert.

gorien unterworfen zu sein. Das erste Schiff war die *Deutschland* (später *Lützow*) mit 11 700 t, gefolgt von der *Admiral Scheer* und der *Admiral Graf Spee*. Sie waren von vornherein als Kaperschiffe mit großer Reichweite und sparsamem Verbrauch geplant (16 677 km bei 19 Knoten). Zur Gewichtseinsparung waren sie elektrisch verschweißt und verfügten über Dieselmotoren. Mit 26 Knoten sollten sie schnell genug sein, um vor jedem stärker bewaffneten Schiff zu fliehen. Ihre Bewaffnung bestand aus sechs 280-mm-, und acht 150-mm-Geschützen, sechs 104-mm-, acht 37-mm- und zehn (später 28) 20-mm-Fla-Geschützen sowie acht 530-mm-Torpedorohren. Die Besatzung umfasste 1150 Mann.

ADMIRAL ERICH RAEDER

Von entscheidender Bedeutung war die Übernahme der Führung der Reichsmarine durch Admiral Erich Raeder im Jahr 1929. Raeder hatte im Ersten Weltkrieg als Stabsoffizier unter Admiral Hipper gedient und später die Aufgabe übernommen, die offizielle Geschichte der deutschen Seekriegsführung zu schreiben. Dabei war ihm bewusst geworden, wie viel die wenigen deutschen Kaperschiffe in entfernten Gewässern geleistet hatten. Sie hatten nicht nur zahlreiche Handelsschiffe der Alliierten versenkt, sondern auch viele Schiffe und Kreuzer ihrer Marinen gebunden, die nach ihnen suchen mussten. Admiral Erich Raeder war es, der den Bau zweier Schwesterschiffe der *Deutschland*, der *Admiral Scheer* und der *Admiral Graf Spee*, genehmigte. Er hätte sicherlich weitere dieser Schiffe bauen lassen, wenn nicht inzwischen Adolf Hitler an die Macht gekommen wäre, der ganz andere Interessen verfolgte und zu diesem Zweck eine neue Marinepolitik einleitete.

UNTEN: Die *Admiral Scheer* war das Schwesterschiff der *Graf Spee*. Sie kam häufig gegen die Konvois der Alliierten im Atlantik und in der Arktis zum Einsatz.

Nach der Machtübernahme durch die Nationalsozialisten wurde sofort eine umfassende Aufrüstung in die Wege geleitet. Für die Reichsmarine war eine neue Klasse von Schlachtkreuzern vorgesehen. Es wurden zunächst fünf Schiffe geplant, von denen nur zwei in die Tat umgesetzt wurden. Das erste Schiff dieser Klasse, die *Scharnhorst* mit 32 000 t, wurde im April 1934 in Wilhelmshaven auf Kiel gelegt. Ein Jahr später folgte die *Gneisenau*.

Diese mächtigen Kriegsschiffe basierten auf den unvollendeten Mackensen-Schlachtkreuzern aus dem Ersten Weltkrieg, die wiederum auf der *Derfflinger* von 1912 beruhten – der beste Schlachtkreuzer seiner Zeit. Die neuen Schiffe erhielten drei Wellenturbinen und hatten bei 19 Knoten eine Reichweite von 18 530 km. Die Bewaffnung umfasste neun 280-mm-, zwölf 150-mm- und 14 105-mm-Geschütze sowie 16 37-mm- und zehn (später 38) 20-mm-Fla-Geschütze und sechs 530-mm-Torpedorohre. Jedes Schiff hatte vier Beobachtungsflugzeuge und eine Besatzung von 1800 Mann. Sie konnten 31 Knoten erreichen. Die *Scharnhorst* lief im Oktober 1936 vom Stapel, die *Gneisenau* zwei Monate später.

Mitte der 30er Jahre wurde eine neue Klasse schwerer Kreuzer auf Kiel gelegt. Die fünf Schiffe hießen *Lützow*, *Seydlitz*, *Prinz Eugen*, *Blücher* und *Admiral Hipper*. Das erste Schiff lief im Juli 1939 vom Stapel und wurde 1940 an die sowjetische Marine verkauft. Dort hieß es zunächst *Petropawlowsk* und später *Tallinn*. Die anderen liefen zwischen 1937 und 1939 vom Stapel. Sie waren 32 Knoten schnell und verfügten über acht 203-mm-Geschütze sowie zwölf 105-mm-, zwölf 37-mm- und acht (später 28) 20-mm-Fla-Geschütze sowie zwölf 530-mm-Torpedorohre. Jedes Schiff hatte drei Beobachtungsflugzeuge und eine Besatzung von 1600 Mann.

Admiral Raeder und sein Stab hatten unterdessen einen Plan ausgearbeitet, der Deutschland die technische

ADMIRAL SCHEER

Bewaffnung: Sechs 279-mm-, acht 150-mm-Geschütze
Verdrängung: 10 000 t
Länge: 186 m
Breite: 20,6 m

Antrieb: Zwei Wellen, acht MAN-Dieselmotoren
Geschwindigkeit: 26 Knoten
Besatzung: 926 Mann

OBEN: Das Panzerschiff *Deutschland* fuhr Ende 1939 in den Atlantik, wo es zwei Handelsschiffe versenkte und ein drittes erbeutete. Später wurde es in *Lützow* umbenannt.

Überlegenheit auf See garantieren sollte. Er basierte auf zwei Super-Schlachtschiffen, der *Bismarck* und der *Tirpitz*. Mit einer Verdrängung von 41 700 t (*Bismarck*) und 42 900 t (*Tirpitz*) sollten sie 29 Knoten erreichen und bei 19 Knoten eine Reichweite von 16 677 km haben. Die mächtige Bewaffnung bestand aus acht 380-mm- und zwölf 150-mm-Geschützen, 16 105-mm-, 16 37-mm- und 16 (später 58) 20-mm-Fla-Geschützen sowie acht 530-mm-Torpedorohren. Die Besatzung sollte 2400 Mann betragen. Beide wurden 1936 auf Kiel gelegt, aber nur die *Bismarck* lief vor dem Ausbruch des Zweiten Weltkriegs noch vom Stapel.

Geplant waren sechs noch größere Kriegsschiffe, die nur als *H*, *J*, *K*, *L*, *M* und *N* bezeichnet wurden. Nur *H* und *J* wurden 1938 auf Kiel gelegt. Sie wurden aber im Sommer 1940 auf der Helling wieder abgewrackt, nachdem Deutschland davon ausging, den Krieg gewonnen zu haben. Spekulationen zufolge sollten sie *Friedrich der Große* und *Großdeutschland* heißen, aber konkrete Hinweise gibt es nicht.

Schließlich war auch geplant, einige kleine Flugzeugträger zu bauen. Gebaut wurde nur die *Graf Zeppelin* mit 23 200 t, die 1936 auf Kiel gelegt wurde und im Dezember 1938 vom Stapel lief. Mit ihren vier Wellenturbinen hätte sie 33 Knoten erreicht und eine Reichweite von 14 824 km gehabt. Die fliegende Gruppe sollte ursprünglich aus zwölf Sturzkampfbombern Junkers Ju 87D und 30 Jägern Me 109F, später dann aus 28 Ju 87D und 12 Me 109G bestehen, aber die Graf Zeppelin wurde nie fertig gestellt. Im Mai 1940, als sie zu 85 % fertig war, wurden die Arbeiten eingestellt. Daraufhin wurde sie zuerst nach Gdingen und dann nach Stettin geschleppt. 1942 ging sie nach Kiel, wo die Arbeiten wieder aufgenommen, 1943 aber erneut eingestellt wurden. Danach wurde sie zur Oder geschleppt und in der Nähe von Stettin versenkt. Die Russen hoben sie im März 1946 und schleppten sie nach Swinemünde. Im September 1947 lief sie auf eine Mine. Dann sank sie entweder nördlich von Danzig oder wurde schwer beschädigt nach Leningrad geschleppt und dort abgewrackt. Der Rumpf eines Schwesterschiffs wurde bis zum Panzerdeck fertig gestellt, aber nie vom Stapel gelassen. 1940 wurde es auf der Helling abgewrackt. Gerüchten zufolge sollte dieses Schiff *Peter Strasser* heißen, nach dem deutschen Marinefliegerkommandeur aus dem Ersten Weltkrieg. 1942 wurde auch begonnen, den Kreuzer *Seydlitz* zum Flugzeugträger umzurüsten. Die Arbeiten kamen aber nicht weit, und das Schiff wurde im April 1945 vor Königsberg versenkt. Als Notmaßnahme war auch geplant, die Linienschiffe *Europa*, *Gneisenau* und *Potsdam* umzurüsten, aber daraus wurde nichts.

Als Deutschland im September 1939 in den Krieg zog, war es zahlenmäßig in jeder Hinsicht unterlegen. Trotzdem sollte es in den folgenden Jahren nach der Besetzung von Europa Großbritannien fast aushungern. Seine wichtigste Waffe in der Schlacht um den Atlantik war das U-Boot, in den ersten Monaten aber waren es die Überwasserschiffe der Reichsmarine, die die Schifffahrt der Alliierten fast zum Erliegen brachten.

Kapitel 7

Der Seekrieg im Westen – 1940–1942

Nach dem Ausbruch des Krieges im Jahr 1939 versuchten die Alliierten schnell, die Seeherrschaft zu erlangen, um ihre Konvois zu sichern. Einige deutsche Schiffe durchbrachen aber die Blockade und banden zahlreiche Gegner. Sie waren den Schiffen der Alliierten in jeder Hinsicht gewachsen und mussten mit großem Respekt behandelt werden.

Im August 1939, als die Invasion von Polen unmittelbar bevorstand, beeilte sich die Kriegsmarine, Verbände in Stellungsräume in den Atlantik zu schicken, damit sie sofort eine Offensive gegen die Schiffe der Alliierten starten konnten. Am 21. August verließ das 13 000-t-Panzerschiff *Admiral Graf Spee* (Kapitän Langsdorff) im Schutz der Dunkelheit unbeobachtet Wilhelmshaven, um sich mit seinem Versorgungsschiff, dem Tanker *Altmark,* im Südatlantik zu treffen. Am 24. August folgte das nächste Panzerschiff, die *Deutschland* (Kapitän Wennecker), die südlich von Grönland Position bezog. Dorthin folgte später ihr Versorgungsschiff, der Tanker *Westerwald.*

LINKS: Eine Nahaufnahme des schwer gepanzerten Kontrollturms der *Graf Spee* mit dem Radar-Feuerleitsystem im Hafen von Montevideo.

Im Morgengrauen des 1. September eröffnete das Vor-Dreadnought-Schlachtschiff *Schleswig-Holstein,* ein Veteran aus der Schlacht bei Jütland, das Feuer auf die polnische Festung auf der Westerplatte aus seinen vier 280-mm-Geschützen. Die polnische Garnison leistete zunächst erbittert Widerstand gegen die Angreifer. Zusammen mit kleineren Schiffen setzte die *Schleswig-Holstein* die Bombardierung eine Woche lang fort, bis die Polen schließlich am 7. September nach kombinierten Angriffen von der See, aus der Luft und von Bodentruppen aufgaben. Das alte Schlachtschiff unterstützte die deutschen Angriffe noch bis zum 13. September. Es bombardierte polnische Stellungen und Batterien bei Hochredlau auf der Halbinsel Hela, bevor es seine Vorräte auffrischte. Am 25. September kehrte die *Schleswig-Holstein* mit ihrem Schwesterschiff *Schlesien* zurück und setzte die Bombardierung noch zwei Tage lang fort.

Am 21. September hatte auch der britische Geheimdienst endlich mitbekommen, dass die beiden starken Schlachtschiffe *Graf Spee* und *Deutschland* auf See waren. So war die Admiralität gezwungen, eine beträchtliche Zahl von Schiffen – unter anderem auch aus der Mittelmeerflotte – auf die Suche zu schicken. Am 7. Oktober beorderte der deutsche Marinestab, besorgt um die schwierige Lage der Panzerschiffe, einen Verband der Reichsmarine an die Südküste von Norwegen.

UNTEN: Kapitänleutnant Günther Prien mit dem Eisernen Kreuz für das Versenken der *Royal Oak*. Vor seinem Tod 1941 versenkte Prien 30 Handelsschiffe.

Zum Verband gehörten der Schlachtkreuzer *Scharnhorst*, der leichte Kreuzer *Köln* und neun Zerstörer. Die Absicht war, die britische Home Fleet vor eine Stellung von vier U-Booten und in den Bereich der deutschen Luftwaffe zu locken. Am folgenden Tag wurden die Schiffe von einer patrouillierenden Lockheed Hudson des Küstenschutzes der Royal Navy gesichtet.

Sobald Admiral Forbes wusste, dass der Feind auf See war, stationierte er seine wichtigsten Einheiten – die Schlachtschiffe *Nelson* und *Rodney*, die Schlachtkreuzer *Hood* und *Repulse*, die Kreuzer *Aurora*, *Sheffield* und *Newcastle* sowie den Träger *Furious* – in Begleitung von zwölf Zerstörern nordöstlich der Shetland-Inseln, um die Ausgänge zum Atlantik zu überwachen. Gleichzeitig schickte er den Humber-Verband, bestehend aus den leichten Kreuzern *Edinburgh*, *Glasgow* und *Southampton*, auf die Suche nach den deutschen Schiffen. Die Operation war jedoch vergebens, und die Bomber beider Seiten fanden ihre Ziele nicht. Am 9. Oktober machten sich die deutschen Verbände bei Anbruch der Dunkelheit auf den Weg nach Kiel. Bis zum 11. Oktober waren die Hauptverbände der Home Fleet zurück in Loch Ewe und die leichten Kreuzer wieder im Humber.

Eine Ausnahme gab es aber. Eines von Forbes' Schlachtschiffen, die *Royal Oak*, hatte sich von der Flotte getrennt, um den Fair Isle Channel zwischen den Shetland- und den Orkney-Inseln zu bewachen. Als die Bedrohung nachließ, machte sie sich auf den Weg nach Scapa Flow. In der Nacht vom 13. zum 14. Oktober drang das deutsche U-Boot *U.47* unter Kapitänleutnant Günther Prien in die Verteidigung von Scapa Flow ein und versenkte die *Royal Oak* mit drei Torpedos. Dieser Angriff, bei dem 833 Seeleute ihr Leben verloren, wurde mit äußerster Kühnheit und Präzision durchgeführt. Die Briten waren schockiert.

Am 21. November des gleichen Jahres machten sich die Schlachtkreuzer *Scharnhorst* und *Gneisenau* von Wilhelmshaven auf den Weg in den Nordatlantik, um von den Operationen des Panzerschiffs *Admiral Graf Spee* im Südatlantik abzulenken. Sie passierten unbemerkt die Shetland-Inseln und die Färöer, und wurden am 23. vom bewaffneten Handelskreuzer *Rawalpindi* (Kapitän E. C. Kennedy) gesichtet. In dem einseitigen Gefecht hatte die *Rawalpindi* gerade noch Zeit, die Gegner nach Scapa Flow zu melden, bevor sie von der *Scharnhorst* versenkt wurde.

Am 16. bewegten sich die Schlachtkreuzer wieder nach Süden, durchquerten die Kreuzer- und Zerstörerpatrouillen, die Forbes vor Norwegen eingerichtet hatte, und erreichten Wilhelmshaven am darauf folgenden Tag. Nicht weniger als 60 Kriegsschiffe – sechs Schlachtschiffe (drei davon französisch), zwei Schlachtkreuzer,

OBEN: Die Vor-Dreadnought *Schleswig-Holstein* am 1. September 1939 bei den ersten Schüssen auf die polnischen Stellungen auf der Westerplatte.

20 Kreuzer (zwei französisch), 28 Zerstörer (acht französisch), drei U-Boote und ein Flugzeugträger – waren in Nordatlantik und Nordsee unterwegs, um die *Scharnhorst* und *Gneisenau* zu jagen, und dennoch waren sie entwischt. Die Ablenkung hatte hervorragend funktioniert. Die vergebliche Suche nach den Schlachtkreuzern hatte aber auch die enge Zusammenarbeit zwischen der britischen und der französischen Marine bewiesen. Am 5. Oktober stellte die britische Admiralität zusammen mit der französischen Marine acht „Jagdgruppen" im Atlantik auf, die die Handelswege gegen feindliche Schiffe verteidigen sollten. Drei davon standen unter dem Befehl des Oberbefehlshabers im Südatlantik mit Hauptquartier in Freetown, Sierra Leone. Darunter befand sich die Gruppe G mit den schweren Kreuzern *Exeter* und *Cumberland*, später noch verstärkt durch die leichten Kreuzer *Ajax* und *Achilles* von der Royal New Zealand Navy. Die Gruppe G war für die Gewässer östlich von Südamerika zuständig. Dort sollte schließlich auch das Treiben der *Admiral Graf Spee* sein Ende finden.

DIE JAGD AUF DIE „GRAF SPEE"

Das Panzerschiff versenkte am 30. September das erste Handelsschiff vor Pernambuco und zwischen dem 5. und 12. Oktober weitere vier, bevor es Kurs auf das Versorgungsschiff *Altmark* nahm, um die Vorräte aufzufüllen. Am 15. September versenkte die *Admiral Graf Spee* einen kleinen Tanker in der Straße von Mosambik. Am 2. Dezember trat sie erneut in Erscheinung und versenkte zwischen St. Helena und Südafrika die Frachter *Doric Star* und *Tairoa*.

Als der stellvertretende Befehlshaber im Südatlantik, Vizeadmiral d'Oyly Lyon, davon erfuhr, sandte er die Gruppe H mit den Kreuzern *Shropshire* und *Sussex* in die Gewässer zwischen St. Helena und Kapstadt, während Gruppe K mit dem Schlachtkreuzer *Renown*, dem Flugzeugträger *Ark Royal* und dem Kreuzer *Neptun* die

OBEN: Die *Admiral Graf Spee* war nur kurz ein Kaperschiff. Sie musste bald in den Hafen von Montevideo flüchten, wo sie später von der eigenen Besatzung versenkt wurde.

Linie zwischen Freetown und dem mittleren Südatlantik absuchte. Verband G (wie die Gruppe G nun hieß) versammelte sich unterdessen mit den Kreuzern *Achilles*, *Ajax* und *Exeter* vor dem Rio Plata, während die *Cumberland* die Falkland-Inseln schützte. Im Mündungsbereich des Rio Plata gab es viel Handelsverkehr, und der Führer des Verbandes G, Commodore H. Harwood, ging davon aus, dass Langsdorff früher oder später dort auftauchen würde. Er sollte Recht behalten.

Nachdem Kapitän Langsdorff zwei weitere Schiffe auf dem Atlantik versenkt hatte, steuerte er die Mündung des Rio Plata an, wo er am 13. Dezember um 6.08 Uhr gesichtet wurde. Die drei britischen Kreuzer eröffneten das Feuer aus unterschiedlichen Richtungen. Langsdorff teilte seine Batterien zunächst auf, konzentrierte dann aber das Feuer auf die *Exeter*, die schwere Schäden durch die 280-mm-Geschosse davontrug. Deren Kapitän F. S. Bell setzte den Kampf die ganze Nacht fort, obwohl er am Morgen nur noch einen einsatzbereiten Turm hatte und das Schiff in Flammen stand. Langsdorff hätte die *Exeter* leicht erledigen können; er setzte sich aber nach Westen ab. So konnte sich die *Exeter* nach Südwesten retten, um Reparaturen durchzuführen. Sie hatte 61 Gefallene und 23 Verwundete zu beklagen.

Die *Graf Spee* nahm nun Kurs auf die Südküste von Uruguay, wobei sie ständig unter dem Feuer der leichten Kreuzer *Ajax* und *Achilles* stand. Um 7.25 Uhr traf ein 280-mm-Geschütz die *Ajax* und setzte beide achteren Türme außer Gefecht. Auch hier verzichtete Langsdorff darauf, seinen Gegner zu vernichten, obwohl dessen verbliebene Waffen es kaum mit seiner Nebenbewaffnung aufnehmen konnten. Die beiden Kreuzer beschatteten die *Graf Spee* weiterhin, die sie wiederum ab und zu mit Salven belegte, bis sie in der Flussmündung eingetroffen war. Dann blies Commodore Harwood die Jagd ab und baute eine Verteidigungslinie auf. Er war sich darüber im Klaren, dass er sich in einer heiklen Lage befinden würde, falls Langsdorff sich auf die offene See durchkämpfen wollte.

Langsdorff hingegen, dessen Schiff etwa 70 Treffer eingesteckt und der 36 Tote und 60 Verwundete zu beklagen hatte, war entschlossen, einen neutralen Hafen anzulaufen, um notdürftige Reparaturen durchzuführen und erst dann einen Durchbruchsversuch in den Nordatlantik und zurück nach Hause zu starten. Die *Graf Spee* erreichte Montevideo am Abend des 14. Dezember. Dort wurden Verhandlungen auf diplomatischer Ebene geführt, damit er länger als die erlaubten 72 Stunden im Hafen bleiben durfte, denn die erforderlichen Reparaturen würden mindestens zwei Wochen dauern. Die britische Propaganda hatte unterdessen die Meldung verbreitet, dass eine große Flotte auf die *Graf Spee* wartete, sobald sie die Mündung des Rio Plata verließ. Langsdorff fiel darauf herein. Am 16. Dezember forderte er Befehle aus Berlin an. Die Antwort war eindeutig. Eine Internierung kam nicht in Frage. Er erhielt die Erlaubnis, das Schiff zu versenken, falls in Montevideo die Genehmigung zum Aufenthalt in neutralen Gewässern nicht verlängert wurde. In der Nacht des 17. Dezember war klar, dass die Regierung von Uruguay keineswegs die Absicht hatte, die Genehmigung zu verlängern.

Am nächsten Morgen brach die *Graf Spee*, umgeben von zahlreichen Schaulustigen, in die See auf. Die britischen Kriegsschiffe machten sich bereit, aber bevor sie den Feind angreifen konnten, erfuhren sie durch ihre Aufklärungsflugzeuge, dass die *Graf Spee* von ihrer eigenen Besatzung versenkt worden war. Kapitän Langsdorff hatte Selbstmord begangen.

Während die *Graf Spee* ihre Raubzüge im Atlantik unternommen hatte, patrouillierte ihr Schwesterschiff *Deutschland* (Kapitän Wenneker) zwischen den Bermudas und den Azoren und versenkte am 5. Oktober 1939 den Dampfer *Stonegate*. Eine Woche später operierte sie weiter im Norden zwischen Halifax (Nova Scotia) und Großbritannien. Zwischen dem 9. und 16. Oktober versenkte sie den norwegischen Frachter *Lorentz W. Hansen* und erbeutete den US-Frachter *City of Flint*, der Vorräte für England an Bord hatte, die von den Deutschen als „Schmuggelware" betrachtet wurden. Am 17. Oktober erließ der Marinestab einen Befehl, wonach die Waffen gegen alle Handelsschiffe eingesetzt werden durften. Nur Passagierschiffe blieben verschont, was den Panzerschiffen wesentlich mehr Möglichkeiten gab.

Am 5. November erhielt die *Deutschland* plötzlich den Befehl zur Rückkehr. Sie wich den britischen Patrouillen erfolgreich aus, schlich sich durch die Dänemarkstraße, fuhr östlich an den Shetland-Inseln vorbei und kam am 17. November in Gdingen an. Dort wurde sie im Trockendock überholt. Kurz vor dem Eindocken hatte ihr Kapitän erfahren, dass sie in *Lützow* umgetauft wurde, da der gleichnamige Kreuzer an die Sowjetunion verkauft worden war. Im Februar wurde sie als schwerer Kreuzer eingestuft.

UNTEN: Die *Graf Spee* wurde in Deutschland als „Panzerschiff" eingestuft, da nach den Bestimmungen des Vertrags von Versailles keine Schlachtschiffe gebaut werden durften.

Das dritte Panzerschiff, die *Admiral Scheer*, wurde ebenfalls umklassifiziert. Sie hatte noch nicht an den Angriffen auf Handelsschiffe teilgenommen, dafür aber am 4. September einen Angriff von Blenheim-Bombern der RAF überstanden (drei Bomben trafen sie, als sie in Wilhelmshaven vor Anker lag, explodierten aber nicht). Sie wurde daraufhin umgerüstet und kam dadurch erst im Oktober des Jahres 1940 zum Einsatz.

DIE INVASION IN NORWEGEN

Am 9. April 1940 kam der so genannte falsche Krieg zu einem plötzlichen Ende, als deutsche Truppen in Norwegen und Dänemark einfielen. Der Großteil der Invasionstruppen war bereits am 7. April auf See und kämpfte sich trotz des grässlichen Wetters nach Norden durch.

Dieser Teil der Invasionskräfte war in drei Gruppen unterteilt. Gruppe Eins mit dem Ziel Narvik hatte die größte Entfernung zurückzulegen und wurde von den Schlachtkreuzern *Scharnhorst* und *Gneisenau* sowie von zehn Zerstörern eskortiert. Gruppe Zwei, auf dem Weg nach Trondheim, wurde durch den Kreuzer *Admiral Hipper* und vier Zerstörer gesichert, während die Gruppe Drei mit dem Ziel Bergen durch die Kreuzer *Köln* und *Königsberg* geschützt und durch Torpedoboote abgeschirmt wurde. Die Gruppen Vier und Fünf, die Kristiansand bzw. Oslo anlaufen sollten, mussten sich nicht so beeilen. Geplant war, dass alle Gruppen ihre Ziele mehr oder weniger zur gleichen Zeit erreichen sollten.

Die erste Berührung mit den deutschen Schiffen hatte der britische Zerstörer HMS *Glowworm*, dessen Verband Minenverlegeeinsätze vor Norwegen absicherte. Sie war auf der vergeblichen Suche nach einem See-

ADMIRAL GRAF SPEE

Bewaffnung: Sechs 279-mm-, acht 150-mm-Geschütze
Verdrängung: 10 000 t
Länge: 186 m
Breite: 20,6 m
Antrieb: Zwei Wellen,
acht MAN-Dieselmotoren
Geschwindigkeit: 26 Knoten
Besatzung: 926 Mann

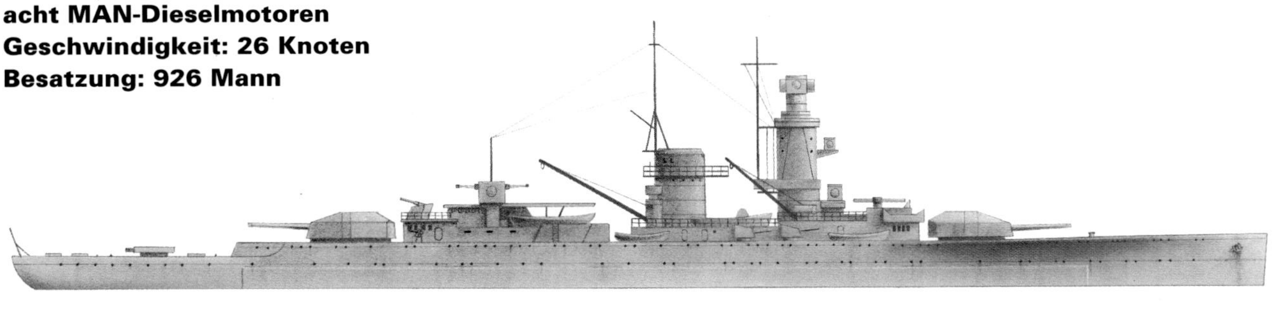

mann, der im Morgengrauen des 8. April von Bord der *Renown* gespült worden war, als sie die Schiffe der Einsatzgruppe Zwei auf dem Weg nach Trondheim sichtete. Die *Glowworm* feuerte zwei Salven auf einen Zerstörer ab, bevor sie ihn im dichten Neben aus dem Blick verlor. Wenige Minuten später kam ein zweiter Zerstörer in Sicht und wurde von der *Glowworm* verfolgt. Die beiden Schiffe beschossen sich gegenseitig. Das größere deutsche Schiff versuchte, den Verfolger abzuschütteln, aber der Bug geriet unter Wasser, und es musste das Tempo zurücknehmen. Die *Glowworm* näherte sich und ihr Kapitän, Lieutenant Commander G. B. Roope, versuchte, das Schiff für einen Torpedoangriff in Stellung zu bringen.

Weiter vorn brach ein riesiger dunkler Schatten durch die Nebelbank. Ein paar Sekunden waren die Männer auf der *Glowworm* begeistert, denn sie hielten ihn für die HMS *Renown.* Sie bekamen aber eine Salve schwerer Geschosse, die das Schiff in Brand setzten. Der Neuankömmling war nämlich die *Admiral Hipper.* Roope scherte kurz aus, um eine Funkmeldung durchzugeben, und wandte sich wieder dem deutschen Kreuzer zu, um ihn zu torpedieren. Als das nicht gelang, hielt er mit seinem brennenden Schiff direkt auf die *Hipper* zu und rammte ihren Bug auf der Steuerbordseite. Er beschädigte ihren Panzergürtel und riss die Torpedorohre ab. Der Kapitän des Kreuzers, Heinrich Heye, ließ die brennende und bereits verlorene *Glowworm* weiter beschießen, bis sie wenige Minuten später, um 9.00 Uhr, in die Luft flog. Die *Hipper* nahm 38 Überlebende an Bord. Roope, dem nachträglich das Victoriakreuz verliehen wurde, war nicht darunter.

Admiral Forbes hatte am 8. April die Sichtungsmeldung und den Notruf der *Glowworm* erhalten und befahl den Kriegsschiffen in Rosyth, die Truppen abzusetzen und in See zu stechen. Gleichzeitig erhielten die *Repulse* und *Penelope* sowie vier Zerstörer den Befehl, sich der *Renown* und ihren Zerstörern anzuschließen. Am Abend erklärte die Admiralität Forbes, dass das wichtigste Ziel darin bestand, die *Scharnhorst* und *Gneisenau* abzufangen, da man immer noch mit einem Ausbruchsversuch in den Atlantik rechnete. Ein weiteres Indiz für diese angebliche deutsche Absicht war die Tatsache, dass ein Aufklärungsflugzeug der RAF vor Trondheim einen Schlachtkreuzer und zwei Kreuzer mit Kurs Westen gesichtet hatte. Bei diesen Schiffen handelte es sich um die *Hipper* und ihre Zerstörer, die die Invasionstruppen der Gruppe Zwei sicherten.

Erst am 8. April um 19.00 Uhr kam die Admiralität nach der Auswertung weiterer Geheimdienstberichte über die Bewegungen der deutschen Schiffe (darunter ein Bericht vom U-Boot HMS *Trident*, das einen erfolglosen Torpedoangriff auf die *Lützow* unternommen hatte, als diese Kurs auf den Oslo-Fjord nahm) zu dem

UNTEN: Das Ende der *Graf Spee*, die am 17. Dezember 1939 von der eigenen Besatzung vor Montevideo versenkt wurde. Die Mannschaft wurde bis 1945 in Argentinien interniert.

GNEISENAU

Bewaffnung: Neu 280-mm-, zwölf 150-mm-, 14 104-mm-Geschütze
Verdrängung: 38 900 t
Länge: 226 m
Breite: 30 m
Antrieb: Drei Schraubenturbinen, Dieselmotoren für Langstrecken
Geschwindigkeit: 31 Knoten
Besatzung: 1840 Mann

OBEN: Der Schlachtkreuzer *Gneisenau* wurde im Februar 1942 in Kiel von britischen Bomben getroffen. Seine Geschütze wurden später als Küstenbatterien eingesetzt.

Schluss, dass eine Invasion bevorstand. Allerdings verlor man die Möglichkeit eines gleichzeitigen Durchbruchs in den Atlantik nicht aus dem Auge. Der Kommandeur der nördlichsten Gruppe der britischen Kriegsschiffe, Vizeadmiral William Whitworth in der HMS *Renown*, erhielt den Funkspruch „Äußerst dringend. Die Kräfte unter Ihrem Befehl müssen sich darauf konzentrieren, den deutschen Verbänden den Zugang zu Narvik zu verwehren.“ Da war es aber schon zu spät. Vor Mitternacht hatten die deutschen Invasionskräfte bereits die Fjorde erreicht, die zu ihren Zielen führten.

Am 9. April um 3.37 Uhr sichtete die *Renown* ca. 80 km vor der Einfahrt in den Vestfjord die *Scharnhorst* und die *Gneisenau*, die nach Nordwesten aufbrachen, um die Einsatzgruppe Narvik vor den britischen Kräften zu schützen. Der britische Schlachtkreuzer hielt eines der Schiffe für den Kreuzer *Hipper* und eröffnete das Feuer. Die *Gneisenau* wurde dreimal schwer getroffen. Die deutschen Schiffe erwiderten das Feuer. Sie trafen die *Renown* zweimal, richteten aber kaum Schäden an, bevor sie nach Nordosten abdrehten. Admiral Lütjens wollte keine unnötigen Risiken eingehen, denn er glaubte, gegen das Schlachtschiff *Repulse* zu kämpfen. Die *Renown* hatte das Glück gehabt, dass eines ihrer Geschosse den Seetakt-Entfernungsmessradar und das Feuerleitsystem außer Betrieb gesetzt hatte. Die *Renown* hatte zu diesem Zeitpunkt noch überhaupt kein Radar.

Am Nachmittag des 9. April wurden Verbände der Home Fleet drei Stunden lang fast pausenlos von 41 Heinkel He 111 des KG 26 und 47 Junkers 88 des KG 30 angegriffen. Das Schlachtschiff *Rodney* wurde von einer 500-kg-Bombe getroffen, die das Panzerdeck zerstörte, aber nicht explodierte. Die Kreuzer *Devonshire*, *Southampton* und *Glasgow* wurden durch Beinahetreffer beschädigt, während der Zerstörer *Gurkha* westlich von Stavanger versenkt wurde. Die Luftwaffe verlor vier Ju 88. Bei diesem ersten Gefecht hatte die Royal Navy die bittere Erfahrung machen müssen, was es bedeutete, ohne Jagdschutz innerhalb der Reichweite landgestützter Bomber des Feindes zu operieren.

Ein größerer Erfolg gelang der HMS *Spearfish* (Lieutenant Commander J. G. Forbes). Am Morgen des 11. April war sie aufgetaucht, um ihre Batterien nachzuladen, nachdem sie sich durch die Linien der feindlichen Schiffe gekämpft hatte. Dabei sichtete sie die *Lützow*, die mit Volldampf nach Deutschland zurückkehrte. Forbes feuerte eine Torpedosalve ab und traf die *Lützow* am Heck. Schrauben und Ruder wurden zerstört, und das Schiff trieb hilflos auf See. Da Forbes nicht wusste, dass die *Lützow* keine U-Jagd-Kräfte hatte und seine Batterien noch nicht aufgeladen waren, brach er den Angriff ab und ließ die *Lützow* steuerlos zurück. Sie konnte Hilfe anfordern und wurde kurz vor dem Versinken nach Kiel geschleppt. Es sollte ein Jahr dauern, bis sie wieder einsatzbereit war.

DIE „BISMARCK“

Im Mai 1941 waren die lebenswichtigen Handelswege einer wesentlich stärkeren Bedrohung ausgesetzt, als die Reichsmarine die Operation Rheinübung startete. Dabei fuhren das neue Schlachtschiff *Bismarck* und der schwere Kreuzer *Prinz Eugen* hinaus in den Nordatlantik. Ursprünglich war für die *Scharnhorst* und die *Gneisenau* das Gleiche geplant gewesen, aber die Letztere war bei einem Torpedoangriff durch eine Beaufort der RAF am 6. April 1941 schwer beschädigt worden. Der Pilot Kenneth Campbell musste die Attacke mit seinem Leben bezahlen und erhielt dafür nachträglich das Victoriakreuz.

Trotzdem war der Gefechtsverband, der unter dem Kommando des Flottenkommandeurs Admiral Lütjens am 18. Mai von Gdingen aus aufbrach, immer noch beeindruckend. Die *Bismarck* (Kapitän Lindemann) war

SCHARNHORST

Bewaffnung: Neun 280-mm-, zwölf 150-mm-Geschütze
Verdrängung: 38 900 t
Länge: 229,8 m
Breite: 30 m
Antrieb: Drei Wellengetriebeturbinen
Geschwindigkeit: 31 Knoten
Besatzung: 1840 Mann

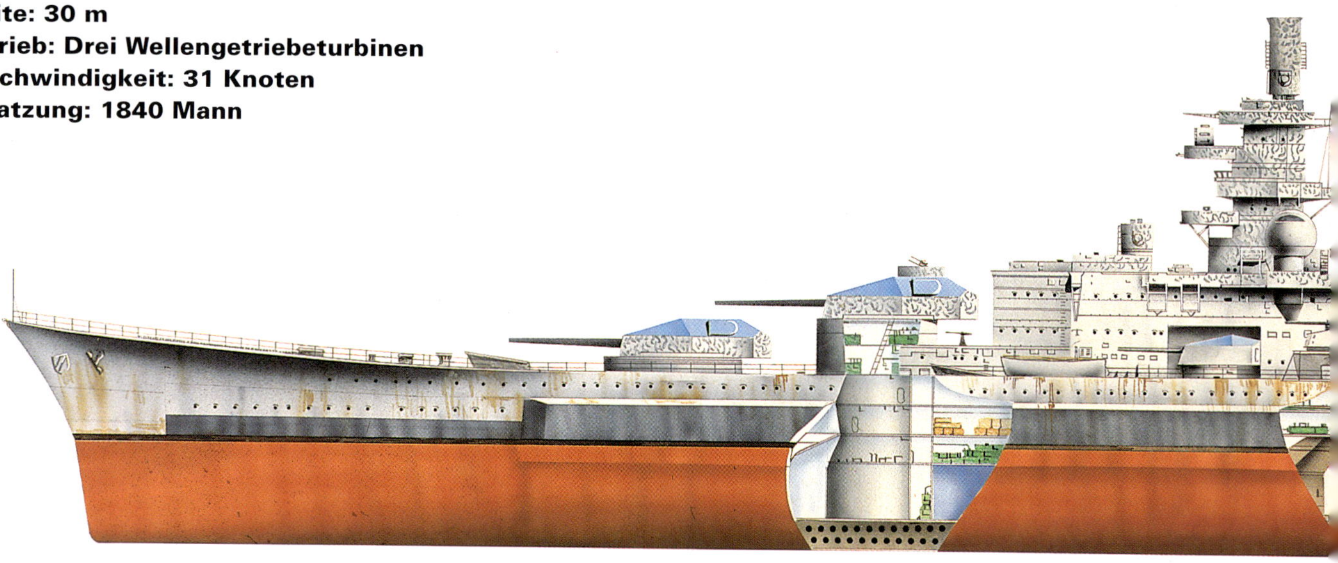

OBEN: Der Schlachtkreuzer *Scharnhorst*. Mit seinem Schwesterschiff *Gneisenau* war er eine ständige Bedrohung für die Royal Navy, bis er im Dezember 1943 vor dem Nordkap versenkt wurde.

ohne Frage seinerzeit das stärkste Schlachtschiff überhaupt, und der schwere Kreuzer *Prinz Eugen*, gerade erst 1940 fertig gestellt, war äußerst modern. Begleitet wurden sie von einem Versorgungsschiff, sechs Tankern, zwei Patrouillenschiffen und drei Wetterschiffen, die in der Arktis und im Atlantik stationiert waren, während drei Zerstörer und drei Minensuchboote die Fahrt in das Nordmeer absicherten.

Am 20. Mai meldete der schwedische Kreuzer *Gotland*, dass der Verband den Kattegat erreicht hatte, und am nächsten Tag wurde die Admiralität informiert, dass er nach Norden fuhr. Admiral Sir John Tovey, inzwischen Oberbefehlshaber der Home Fleet, verstärkte sofort die Überwachung der nördlichen Zufahrten zum Atlantik. Das Schlachtschiff *Prince of Wales*, der Schlachtkreuzer *Hood* und sechs Zerstörer brachen unter dem Kommando von Vizeadmiral L. E. Holland (Flaggschiff *Hood*) von Scapa Flow auf, während Aufklärungsflugzeuge bereits nach dem Feind suchten. Am gleichen Nachmittag wurden die *Bismarck* und ihr Begleiter von einer Spitfire fotografiert, als sie im Korsfjord bei Bergen betankt wurden. Am 22. Mai, kurz vor dem Einbruch der Nacht, drang ein Aufklärer des Typs Martin Maryland in den Korsfjord ein und meldete, dass die *Bismarck* und die *Prinz Eugen* verschwunden waren. Um 22.45 Uhr verließ Admiral Tovey mit den Hauptverbänden der Home Fleet Scapa Flow und nahm Kurs auf die Gewässer um Island, um die schweren Kreuzer *Norfolk* und *Suffolk* zu unterstützen, die in der Dänemarkstraße patrouillierten. Drei weitere Kreuzer bewachten Lütjens Ausweichroute zwischen Island und den Färöern.

Als Erste kamen die schnellsten Schiffe der Home Fleet an, die *Prince of Wales* und die *Hood*, die den Hauptkräften vorausfuhren. Danach folgten Toveys Flottenflaggschiff, das neue Schlachtschiff *King George V*, der Flugzeugträger *Victorious*, vier Kreuzer und sechs Zerstörer. Der Träger war noch nicht ganz ausgerüstet und hatte nur neun Swordfish und sechs Fulmars an Bord. Er sollte ursprünglich den Konvoi WS.8B sichern, der Truppen in den Nahen Osten brachte, war aber dann auf Befehl der Admiralität freigestellt worden, um sich an der Jagd nach der *Bismarck* zu beteiligen. Auch der Schlachtkreuzer *Repulse* wurde von den westlichen Zugangswegen abgezogen und fuhr in der Begleitung von drei Zerstörern nach Norden.

Am 23. Mai um 19.22 Uhr wurden die *Bismarck* und die *Prinz Eugen* vom Kreuzer *Suffolk* (Kapitän R. M. Ellis) gesichtet, als sie in der Dänemarkstraße aus einem Schneesturm auftauchten. Etwa eine Stunde später stieß die *Norfolk* (Kapitän A. J. L. Phillips) unter der Flagge von Konteradmiral W. F. Wake-Walker, Kommodore des 1. Kreuzergeschwaders, zur *Suffolk*. Die

HMS *Norfolk* wurde aus knapp 12 000 m beschossen und mit drei 380-mm-Salven eingedeckt, bevor sie sich im Schutz des Rauches zurückzog. Sie blieb unbeschädigt und meldete die Sichtung an Admiral Tovey, dessen Hauptflotte sich noch 1100 km weiter im Südwesten befand. Die beiden Kreuzer verfolgten Lütjens Schiff die ganze Nacht mit hoher Geschwindigkeit und die *Suffolk* setzte dazu ihr Radar vom Typ 284 ein.

Unterdessen hatten die *Prince of Wales* und die *Hood* schnell aufgeholt. Zum Zeitpunkt der ersten Sichtung waren die Schiffe von Vizeadmiral Holland noch etwa 400 km entfernt, und Holland plante ein Nachtgefecht. Er wollte das Feuer seiner schweren Schiffe auf die *Bismarck* konzentrieren, während die Kreuzer von Wake-Walker sich um die *Prinz Eugen* kümmern sollten. Er wusste aber nicht, dass die *Bismarck* nicht mehr vorn war. Die Detonationen der eigenen Geschütze hatten das vordere Radar zerstört, sodass Lütjens die *Prinz Eugen* an die Spitze stellte.

Als sich seine schweren Schiffe näherten, ordnete Admiral Holland eine strenge Funk- und Radarstille an, um die Überraschung zu wahren. Dabei verließ er sich auf die Berichte der *Suffolk* über die Position der feindlichen Schiffe. Diese verlor sie aber kurz nach Mitternacht aus den Augen und sichtete sie erst wieder um 2.47 Uhr. Inzwischen hatte Holland seine Schiffe nach Süden abdrehen lassen, um auf den Einbruch des Tageslichts zu warten. Als er wieder Informationen von der *Suffolk* erhielt, ging er auf 28 Knoten, um den Gegner abzufangen. Inzwischen war es 3.40 Uhr, und die Sichtweite betrug 22 km.

DAS ENDE DER „HOOD"

Um 5.37 Uhr konnten die Gegner sich auf 27 km gegenseitig erkennen und eröffneten um 5.53 Uhr das Feuer. Beide deutschen Schiffe konzentrierten ihr Feuer auf die *Hood* und konnten sie dank ihrer Raumbild-Entfernungsmessgeräte sofort treffen. Die zweite und dritte Salve der *Bismarck* trafen den Schlachtkreuzer mittschiffs, während die von der *Prinz Eugen* den Bereitschaftsvorrat an Flak-Munition in Brand setzten. Um 6.00 Uhr, als die britischen Schiffe ihren Kurs änderten, um alle ihre Geschütze zur Wirkung zu bringen, wurde die *Hood* erneut von einer Salve getroffen, die die leicht gepanzerten Decks durchschlug und im achteren Magazin detonierte. Sie wurde von einer heftigen Explosion erschüttert und versank so schnell, dass alle Augenzeugen verblüfft waren. Von insgesamt 1419 Offizieren und Seeleuten überlebten nur drei Mann. Als die *Prince of Wales* ihren Kurs abrupt änderte, um den Wrackteilen auszuweichen, geriet sie selbst unter schweres Feuer. In kürzester Zeit schlugen vier 380-mm- und drei 203-mm-Geschosse ein. Eines explodierte auf der Brücke und tötete oder verwundete alle Männer dort bis auf Kapitän J. C. Leach. Er ließ das Schlachtschiff sofort im Schutz der Rauchwolken abdrehen. Die *Prince of Wales* war so neu, dass sie noch nicht ganz fertig gestellt war. Bei ihrer Abfahrt waren die Arbeiten an den 355-mm-Türmen

Oben: Die *Gneisenau* im April 1940 in Norwegen. Mit der *Scharnhorst* spielte sie während der deutschen Invasion in Norwegen eine wichtige Rolle.

noch im Gang, sodass das Schiff noch nicht ganz gefechtstüchtig war, was Kapitän Leach natürlich wusste. Mit den Schäden war sie noch verwundbarer. So beabsichtigte Leach, mit seinem Schiff die Kreuzer von Wake-Walker zu unterstützen, die die Berührung zum Feind hielten, bis die Hauptkräfte von Admiral Tovey eintrafen.

Was Leach nicht wusste, war, dass er auch drei Treffer auf der *Bismarck* gelandet hatte, wobei zwei Tanks Öl verloren und ein dritter verschmutzt wurde. Lütjens hatte sich daher entschieden, den Einsatz abzubrechen und Kurs auf St. Nazaire zu nehmen, dem einzigen Hafen an der französischen Atlantikküste, dessen Trockendock in der Lage war, sein riesiges Flaggschiff für die Reparaturen aufzunehmen.

Toveys Schiffe waren noch 611 km in südwestlicher Richtung entfernt und konnten frühestens am 25. Mai um 7.00 Uhr eintreffen. Aber auch andere Schiffe näherten sich. Die Gruppe H von Admiral Somerville hatte den Befehl erhalten, von Gibraltar nach Norden aufzubrechen, um das deutsche Geschwader abzufangen. Die Schlachtschiffe *Rodney*, *Revenge* und *Ramillies* sowie der Kreuzer *Edinburgh* wurden von ihren Geleitaufgaben freigestellt, um an der Jagd teilzunehmen. Wichtig war nun, die *Bismarck* langsamer zu machen, damit die Jäger aufholen konnten. Am 24. Mai um 14.40 Uhr erteilte Admiral Tovey dem Träger *Victorious* den Befehl, zu einem Abflugpunkt 185 km hinter den feindlichen Schiffen vorauszufahren und dort einen Swordfish-Angriff gegen sie zu starten.

Um 22.10 Uhr starteten neun Swordfish des No 825 Squadron unter der Führung von Lt Cdr Eugene Esmonde. Sie kämpften sich durch Regen und Graupelschauer. Um 23.37 Uhr erschien die *Bismarck* auf dem Radar; kurze Zeit später wurde sie gesichtet. Dann verschwand sie wieder. 20 Minuten später dirigierten die jagenden Kreuzer die Flugzeuge wieder in das Ziel. Dort griffen sie trotz schweren Abwehrfeuers an. Ein Torpedo traf die *Bismarck*, richtete aber kaum Schäden an; die anderen acht verfehlten das Ziel. Die Swordfish-Besatzungen kehrten gesund zurück und meldeten, dass sie die Prinz Eugen nicht gesichtet hatten. Lütjens hatte sie allein vorausgeschickt, und sie traf unbehelligt am 1. Juni in Brest ein.

Am 25. Mai um 3.00 Uhr änderte Lütjens den Kurs auf Südost. An diesem kritischen Punkt verloren die Kreuzer, die ihm auf die äußerste Radarentfernung folgten, den Kontakt. Dazu kamen noch einige Meldungen von der Admiralität, die auf Grund fehlerhafter Einschätzungen glaubte, die *Bismarck* würde in Richtung Nordosten auf den Atlantik zusteuern. So verfolgten Toveys Flaggschiff und viele weitere Schiffe den ganzen Tag die falsche Fährte, bis Tovey etwa um 18.00 Uhr entschied, dass Lütjens wohl Kurs auf Brest nehmen würde und seinen Kurs entsprechend änderte. Um 19.24 Uhr erhielt er eine Meldung von der Admiralität, dass sie derselben Meinung war. In der Tat hatte die Admiralität bereits vorher die Gruppe H von Admiral Somerville an eine Linie beordert, von der aus ihre Schiffe und Flugzeuge eingreifen konnten, falls die *Bismarck* Kurs auf die Biskaya nahm. Das sollte sich später als Glücksfall erweisen.

Obwohl Toveys Schiffe bei der Verfolgung der falschen Spur wertvolle Zeit verloren hatten, begann sich das Netz um die *Bismarck* allmählich zu schließen. Am 26. Mai um 10.30 Uhr sichtete eine *Catalina* des No 209 Squadron aus Castle Archdale in Nordirland die *Bismarck* etwa 1100 km westlich von Brest. Kurz darauf sahen auch zwei Swordfish-Aufklärer von der *Ark Royal* aus der Gruppe H das Schlachtschiff. Admiral Somerville schickte den Kreuzer *Sheffield* mit seinem Radar 79Y auf die Verfolgung. Er sollte, wenn möglich, einen Angriff der Swordfish-Torpedobomber koordinieren. Um 14.50 Uhr starteten 14 Swordfish bei starkem Wind, Regenschauern und rauer See. Kurze Zeit später hatten sie ein Schiff auf dem Radar. Das musste die *Bismarck* sein. Tatsächlich handelte es sich um die *Sheffield*, deren Standort der *Ark Royal* nicht gemeldet worden war. Die Swordfish stießen durch die dichten Wolken und griffen aus verschiedenen Richtungen an. Mehrere warfen Torpedos ab, bevor sie ihren Irrtum bemerkten. Der Kreuzer hatte Glück, dass er dank wirksamer Ausweichmanöver und fehlerhafter Magnetzünder der Torpedos unbeschädigt davonkam.

DAS ENDE DER „BISMARCK“

Der erste Angriffsverband kehrte zur *Ark Royal* zurück, und um 19.10 Uhr starteten die nächsten 15 Swordfish. Die Flugzeuge unter der Führung von Lt Cdr T. P. Coode wurden von der *Sheffield* in das Ziel dirigiert. Bei den schlechten Wetterbedingungen und dem starken Flugabwehrfeuer war aber ein koordinierter Angriff kaum möglich.

Zwei Torpedos trafen ihr Ziel. Einer drang in den Panzergürtel der *Bismarck* und richtete kaum Schäden an, der andere aber traf ganz hinten am Heck, beschädigte die Schrauben und klemmte das Ruder bei 15° backbord ein. Um 21.40 Uhr meldete Admiral Lütjens nach Berlin: „Schiff nicht mehr manövrierfähig. Wir kämpfen bis zum letzten Geschoss. Lang lebe der Führer.“

UNTEN: Die *Scharnhorst* zieht ein Aufklärungsflugzeug Arado Ar 196 an Bord. Alle deutschen Großkampfschiffe hatten mindestens eines dieser Flugzeuge an Bord.

BISMARCK

Bewaffnung: Acht 380-mm-, zwölf 150-mm-Geschütze
Verdrängung: 41 700 t
Länge: 250 m
Breite: 36 m
Antrieb: Drei Wellengetriebeturbinen
Geschwindigkeit: 29 Knoten
Besatzung: 2040 Mann

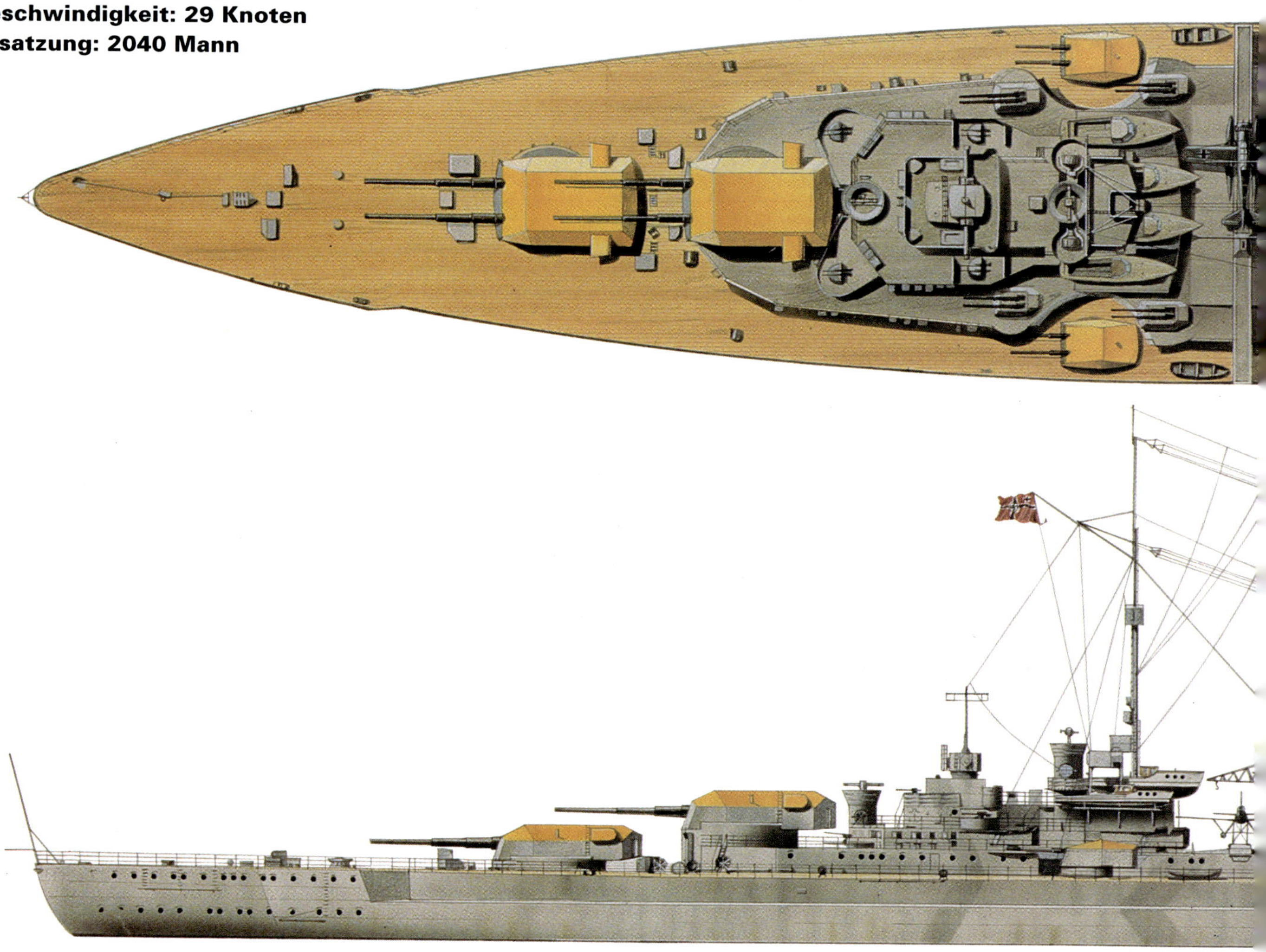

OBEN: Die *Bismarck* war im Mai 1941 das stärkste deutsche Kriegsschiff und das Schwesterschiff der *Tirpitz*. Sechs noch stärkere Schiffe wurden 1940 storniert.

Kurz danach trafen fünf Zerstörer unter Kapitän Philip Vian in der *Cossack* am Ort des Geschehens ein. Sie suchten die *Bismarck* und verfolgten sie die ganze Nacht. Sie meldeten regelmäßig ihre Position und näherten sich, um Torpedoangriffe durchzuführen. Dabei stießen sie aber auf schweres und präzises radargelenktes Geschützfeuer. Während der Nacht kamen die Schlachtschiffe *King George V* und *Rodney* auf Schussentfernung zu dem angeschlagenen Gegner. Admiral Tovey wusste aber, wie präzise dessen radargelenktes Feuer war und wartete daher auf den Anbruch des Tages. Die *Bismarck* konnte nun nicht mehr entkommen. Kurz nach dem Morgengrauen des 27. Mai näherte sich Tovey von Nordwesten. Um 8.45 Uhr eröffneten die beiden Schlachtschiffe das Feuer auf eine Entfernung von 14 640 m. Gegen 10.20 Uhr war die *Bismarck* nur noch ein brennendes Wrack ohne funktionierende Waffen. Trotzdem war sie noch nicht gesunken. Die Kreuzer *Norfolk* und *Dorsetshire* versenkten sie schließlich mit Torpedos. Sie ging um 10.36 Uhr mit fliegenden

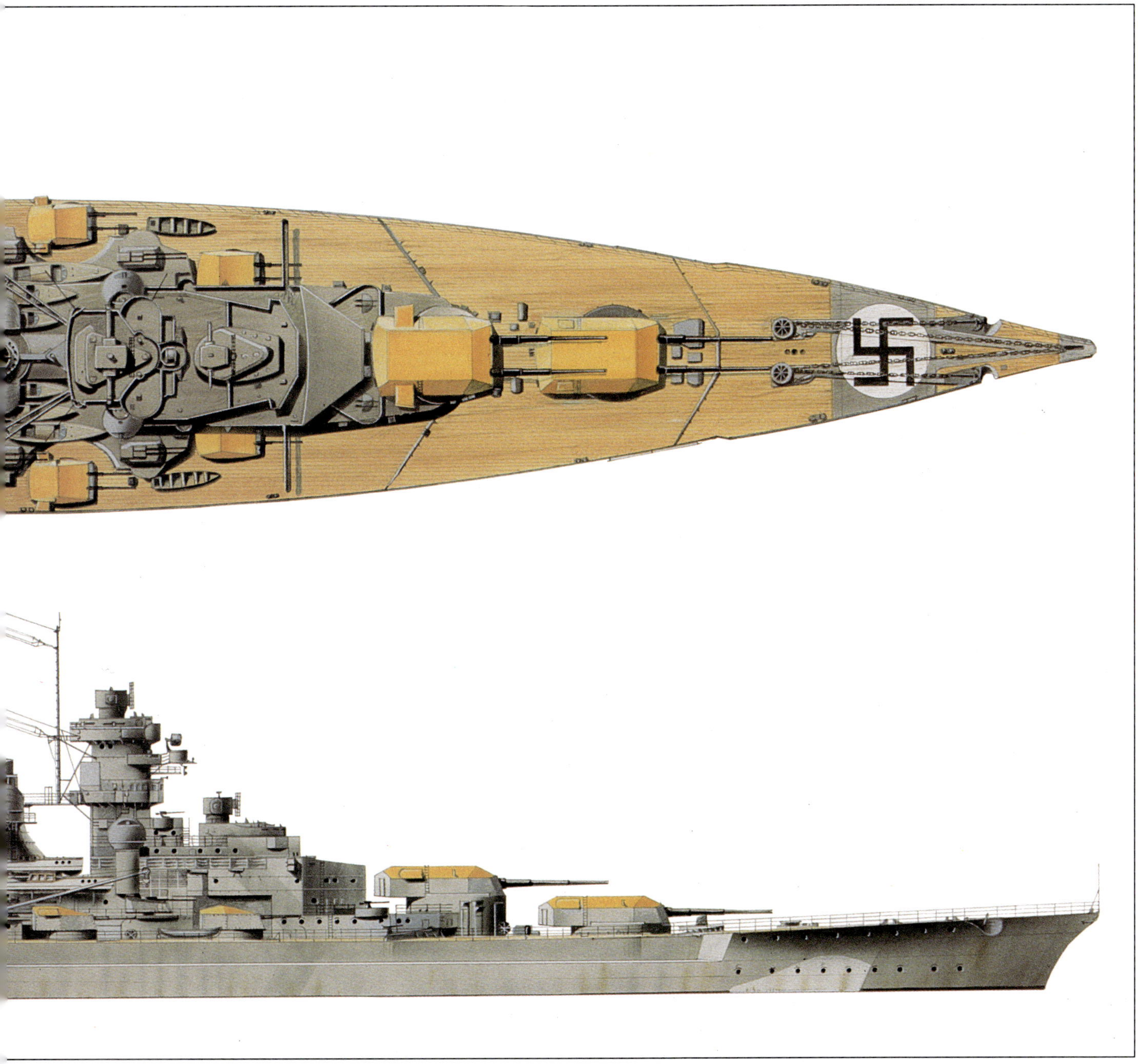

Fahnen unter. Von über 2000 Mann an Bord konnten nur 119 gerettet werden.

KÄMPFE IM MITTELMEER

Als diese Bedrohung beseitigt war, konzentrierte die Royal Navy sich wieder auf das Mittelmeer, wo ihr bereits einige Monate zuvor ein verblüffender Coup gegen die italienische Schlachtflotte geglückt war.

Als Italien am 10. Juni in den Krieg eintrat, verfügte es über sechs Schlachtschiffe (davon nur zwei einsatzbereit), sieben schwere Kreuzer, zwölf leichte Kreuzer, 59 Zerstörer, 67 Torpedoboote und 116 U-Boote. Dagegen konnte die Royal Navy im östlichen Mittelmeer vier Schlachtschiffe, neun leichte Kreuzer, 21 Zerstörer und sechs U-Boote aufbieten. Sechs weitere U-Boote und ein Zerstörer waren in Malta stationiert. Im westlichen Mittelmeer verfügten Engländer und Franzosen zusammen über fünf Schlachtschiffe (vier davon französisch), einen Flugzeugträger, vier schwere Kreuzer, sieben leichte Kreuzer (sechs französisch), 46 Zerstörer (37 französisch) und 36 U-Boote (alle französisch). Gegen Ende Juni 1940 sammelte sich ein mächtiges Geschwader der Royal Navy unter der Führung von Vizeadmiral Sir James Somerville bei Gibraltar. Diese so

Oben: Adolf Hitler inspiziert die *Bismarck* in Danzig. Hitler gab einmal zu, dass Kriegsschiffe ihn zwar faszinierten, er aber „auf See ein Feigling" war.

genannte Gruppe H bestand aus dem Flugzeugträger *Ark Royal*, gerade aus England eingetroffen, den Schlachtschiffen *Valiant* und *Resolution*, zwei Kreuzern und elf Zerstörern sowie dem Schlachtkreuzer *Hood*.

DIE ZERSTÖRUNG DER FRANZÖSISCHEN FLOTTE

Die Gruppe H war erst eine Woche alt, als sie einen der schwierigsten und tragischsten Einsätze in der Geschichte der Royal Navy durchführen musste: den Versuch, die französische Flotte bei Oran und Mers-el-Kebir zu zerstören (Operation Catapult).

Admiral Somerville musste mit seinem Geschwader nach Oran fahren und dem französischen Admiral Gensoul ein unangenehmes Ultimatum stellen. Falls dieser sich weigern sollte, sich den britischen Kräften anzuschließen, mit verringerter Besatzung nach Westindien zu fahren oder seine eigenen Schiffe zu versenken, hatte Somerville den Befehl, die Flotte zu vernichten. Am 3. Juli fuhr Kapitän C. S. Holland von der *Ark Royal* nach Oran, um mit Gensoul zu verhandeln, aber der französische Admiral weigerte sich, auch nur auf einen Vorschlag einzugehen.

Kurz vor 18.00 Uhr eröffneten die *Valiant, Resolution* und *Hood* das Feuer, dirigiert von den Swordfish-Beobachtungsflugzeugen der *Ark Royal*, während andere Swordfish die Hafeneinfahrt von Mers-el-Kebir verminten. Die schweren Geschosse trafen das Magazin des Schlachtschiffs *Bretagne* und sprengten es in die Luft, die *Dunkerque* und *Provence* wurden schwer beschädigt, und zwei Zerstörer wurden versenkt.

Als die Sonne unterging, versuchte das Schlachtschiff *Strasbourg* mit fünf Zerstörern, sich in Sicherheit zu bringen. Sie wurden von den Swordfish der *Ark Royal* angegriffen, aber wegen der Dunkelheit und des starken Flugabwehrfeuers blieben sie erfolglos; die Schiffe konnten nach Toulon entkommen. Am nächsten Morgen griffen die Swordfish-Torpedobomber erneut Gensouls Flaggschiff *Dunkerque* an, das im Hafen von Oran auf Grund lag. Vier Torpedos trafen das Hilfsschiff *Terre Neuve*, das mit einer Ladung Wasserbomben neben der *Dunkerque* lag. Diese explodierten und rissen die Seite des Schlachtschiffs auf, womit es endgültig kampfunfähig war.

Ein weiteres französisches Geschwader mit dem Schlachtschiff *Lorraine*, vier Kreuzern und weiteren kleineren Schiffen war noch in Alexandria, wo es vor dem Fall Frankreichs unter Admiral Cunningham in der britischen Mittelmeerflotte operiert hatte. Cunningham konnte eine friedliche Einigung mit dem französischen

OBEN: Die *Bismarck* von vorn, aufgenommen von der *Prinz Eugen*. Die beiden Kriegsschiffe wurden zunächst in der Ostsee, später dann im Nordatlantik eingesetzt.

Admiral Godfroy erzielen, und die französischen Kriegsschiffe wurden stillgelegt. Dann gab es noch die neuen Schlachtschiffe *Jean Bart* und *Richelieu*, die aus Brest geflohen waren, bevor der Hafen von den deutschen Truppen eingenommen wurde. Sie befanden sich nun in den Häfen von Casablanca und Dakar. Am 8. Juli drang ein Schnellboot vom Flugzeugträger *Hermes* in den Hafen von Dakar ein und warf Wasserbomben unter dem Heck der *Richelieu* ab, um Ruder und Schrauben zu zerstören. Als die Bomben nicht detonierten, wurde das Schlachtschiff von Swordfish-Torpedobombern angegriffen. Aber die Torpedos richteten nur geringe Schäden an. Zwei Monate später folgte ein neuer Angriff, diesmal mit Flugzeugen von der *Ark Royal*, im Rahmen eines gescheiterten Landungsversuchs in Senegal. Wieder blieben die Angriffe wirkungslos; dafür wurden aber neun Swordfish und Skuas abgeschossen.

KAMPF GEGEN DIE ITALIENISCHE MARINE

Am 7. Juli brach Admiral Cunningham nach den Verhandlungen mit dem französischen Geschwader von Alexandria auf, um zwei Konvois von Malta nach Alexandria zu sichern, aber auch um die italienische Marine herauszufordern, indem er in Sichtweite der italienischen Südküste operierte. Cunningham hatte seinen Verband in drei Teile geteilt: die Vorhut (Verband A) bestand aus fünf Kreuzern, der mittlere Teil (Verband B) aus dem Schlachtschiff *Warspite* mit ihren Zerstörern und die Nachhut (Verband C) aus dem Flugzeugträger *Eagle*, begleitet von zehn Zerstörern und den alten Schlachtschiffen *Malaya* und *Royal Sovereign*. Schutz aus der Luft gaben 15 Swordfish der No 813 und 824 Squadrons sowie drei Sea Gladiators eines Jagdschwarms, der die fliegende Gruppe der *Eagle* bildeten.

Am Morgen des 8. Juli meldete ein U-Boot, dass ein starker feindlicher Verband mit zwei Schlachtschiffen zwischen Taranto und Bengasi nach Süden fuhr. Swordfish-Aufklärer erkundeten die Lage und stellten fest, dass der Verband mit Kurs Osten fuhr. Also glaubte Cunningham, dass er einen Konvoi nach Bengasi schützen sollte. Er ließ die Abfahrt des britischen Konvois aus Malta verschieben und änderte den Kurs, um sich zwischen den Feind und seinen Stützpunkt in Taranto zu bringen.

Im Morgengrauen des 9. Juli war Cunninghams Verband nach fünf Tagen von Luftangriffen, die kaum Schäden angerichtet hatten, vor der südwestlichen Spitze Griechenlands. Sein Gegner, bestehend aus zwei Schlachtschiffen, 16 Kreuzern und 32 Zerstörern, war etwa 280 km vor ihm im Ionischen Meer. Gegen 11.45 Uhr waren die beiden Verbände nur noch 167 km voneinander entfernt, und die *Eagle* sandte neun Swordfish aus, um den Gegner zu bremsen. Sie fanden die Hauptkräfte nicht, die unterdessen den Kurs geändert hatten, beschossen aber unter schwerem Abwehrfeuer einen italienischen Kreuzer, der die Nachhut bildete, mit ihren Torpedos. Sie trafen ihr Ziel nicht und kehrten zurück, um Kraftstoff und Munition aufzunehmen. Um 15.15 Uhr sichteten die Kreuzer aus Cunninghams Vorhut den Feind, der sofort das Feuer eröffnete. Zehn Minuten später traf die *Warspite* ein und beschoss die italienischen Kreuzer mit ihren 380-mm-Geschossen, bis diese unter dem Schutz einer Nebelwand flüchten mussten. Um 15.45 Uhr wurde ein neuer Swordfish-Angriff gestartet. Drei Minuten später sichtete die *Warspite* das italienische Flaggschiff *Giulio Cesare* und eröffnete aus etwa 23 800 m das Feuer. Nach einigen schweren Treffern schaffte die *Giulio Cesare* nur noch 18 Knoten. Der italienische Admiral Campioni brach sofort das Gefecht ab und nahm in Begleitung des Schwesterschiffs *Conte di Cavour* Kurs auf die italienische Küste. Die Zerstörerflotille erhielt unterdessen den Befehl, anzugreifen und Nebel zu legen.

UNTEN: Ein Großkampfschiff der „Bretagne-Klasse", die 1930 überholte *Provence*. Sie wurde im Juli 1940 von den Briten in Mers-el-Kebir schwer beschädigt.

WARSPITE

Bewaffnung: Acht 380-mm-, 16 152-mm-Geschütze
Verdrängung: 33 020 t
Länge: 197 m
Breite: 28 m
Antrieb: Vier Schraubenturbinen
Geschwindigkeit: 23 Knoten
Besatzung: 951 Mann

OBEN: Das britische Schlachtschiff HMS *Warspite* im Jahr 1943. Es wurde vor Salerno von ferngelenkten Bomben schwer beschädigt und nur teilweise repariert.

Um 16.15 Uhr trafen neun Swordfish unter der Führung von Lt Cdr Debenham in der Nähe der italienischen Kriegsschiffe ein. Die Piloten versuchten, die Ziele zu identifizieren, die unter dichtem Nebel verborgen waren. Debenham sah unter dem Nebel zwei große Kriegsschiffe und führte seine Flugzeuge in den Angriff. Bei den Schiffen handelte es sich um die Kreuzer *Trento* und *Bolzano*, die sofort wieder in den Nebel fuhren und die angreifenden Flugzeuge mit schwerem Abwehrfeuer belegten. Die Torpedos fanden ihr Ziel nicht, aber die Flugzeuge konnten alle sicher zu ihrem Träger zurückkehren. Sie landeten ausgerechnet, als italienische Bomber wiederum aus großer Höhe attackierten. Die britischen Schiffe wurden zwar nicht getroffen, aber die *Eagle* und die *Warspite* wurden durch Beinahetreffer erschüttert.

Cunningham brach die Jagd um 17.30 Uhr ab und nahm Kurs auf Malta, wo seine Schiffe Kraftstoff und Munition aufnahmen, bevor sie nach Alexandria zurückkehrten. Ohne entsprechenden Jagdschutz wäre es einem Selbstmord gleichgekommen, näher an die italienische Küste vorzustoßen. Der Einsatz vor Kalabrien, wie die Begegnung mit den Italienern genannt wurde, war der erste Flotteneinsatz unter Beteiligung von Flugzeugträgern. Im Herbst 1940 fingen die Italiener an, ihre schweren Marineverbände im Stützpunkt Taranto in Süditalien zusammenzuziehen, um der Bedrohung durch die britische Mittelmeerflotte zu entkommen. Taranto galt schon lange als verlockendes Ziel für die britischen Marineflieger. Admiral Cunningham hatte aber nur die alte *Eagle* zur Verfügung, und damit konnte er keinen Erfolg versprechenden Angriff durchführen. Die Verlegung des riesigen modernen Flugzeugträgers HMS *Illustrious* in das Mittelmeer Ende August

1940 änderte die Lage völlig. Die Pläne wurden überarbeitet, und die Flugzeuge von der *Illustrious* und der *Eagle* sollten nun in der Nacht des 21. Oktober, des Jahrestages der Schlacht von Trafalgar, zuschlagen. Zuvor wütete aber ein Feuer im Hangar der *Illustrious*. Einige Flugzeuge wurden völlig zerstört und andere waren vorübergehend nicht einsatzbereit, weshalb der Angriff um drei Wochen verschoben wurde.

Die Luftaufklärer hatten festgestellt, dass fünf der sechs italienischen Schlachtschiffe sich in Taranto befanden, außerdem zahlreiche Kreuzer und Zerstörer. Die Schlachtschiffe und einige Kreuzer lagen im äußeren Hafen, dem Mar Grande, einem hufeisenförmigen, seichten Abschnitt, während die anderen Kreuzer und Zerstörer im inneren Hafen, dem Mar Piccolo, lagen. Die Schiffe im äußeren Hafen waren durch Torpedonetze und Absperrballons geschützt. Die Ballons stellten eher noch als die Flugabwehrbatterien eine große Gefahr für die tief fliegenden Swordfish dar. Der Tag des Angriffs (Operation Judgment) wurde auf den 11. November festgelegt. Da sie unter den vielen Beinahetreffern während der feindlichen Angriffe stark gelitten hatte, wurde die *Eagle* im letzten Moment aus dem Einsatz genommen. Fünf ihrer Flugzeuge gingen auf die *Illustrious*. Diese brach mit der Flotte am 6. November aus Alexandria auf und traf zwei Tage später auf mehrere militärische Konvois im Ionischen Meer, die auf dem Weg von Malta nach Alexandria und Griechenland waren. Die Regia Aeronautica entdeckte die Schiffe und griff sie zwei Tage lang an. Die Angriffe wurden aber erfolgreich von den Fulmars des 806 Squadron abgewehrt, die ohne eigene Verluste zehn feindliche Flugzeuge zerstörten.

Am 11. November um 18.00 Uhr, als die Konvois wieder sicher auf dem Weg waren, trennte sich die *Illustrious* mit vier Kreuzern und vier Zerstörern von den Hauptkräften und nahm Kurs auf die Abflugstellung 315 km vor Taranto. 21 Flugzeuge standen für den Angriff zur Verfügung: zwölf vom 815 Squadron unter Lt Cdr K. Williamson und neun vom 819 Squadron unter Lt Cdr J. W. Hale. Wegen des begrenzten Raumes über dem Ziel durften nur sechs Flugzeuge jeder Angriffswelle Torpedos mitführen. Die anderen warfen Leuchtgeschosse östlich vom Mar Grande ab, um die Silhouetten der vor Anker liegenden Kriegsschiffe auszuleuchten, oder führten Sturzkampfangriffe auf die Schiffe im Mar Piccolo durch. Die erste Welle startete um 20.40 Uhr und stieg bei guten Wetterverhältnissen rasch

UNTEN: Die *Duilio* teilweise versenkt, nachdem sie im November 1940 in Taranto von britischen Marinefliegern angegriffen wurde. Sie nahm nicht weiter am Krieg teil.

CAIO DUILIO

Bewaffnung: Zehn 320-mm-Geschütze
Verdrängung: 29391 t
Länge: 187 m
Breite: 28 m
Antrieb: Zwei Schraubenturbinen
Geschwindigkeit: 27 Knoten
Besatzung: 1198 Mann

OBEN: Wie andere italienische Kriegsschiffe wurde die *Caio Duilio* zwischen den Kriegen mit neuer Panzerung, neuen Geschützen und einem Wasserflugzeug aufgerüstet.

auf 2440 m. Um 22.20 Uhr erreichte sie die italienische Küste. Nun teilte sich die Formation auf. Die Torpedobomber drehten ab, um von Westen anzugreifen, während die Flugzeuge mit den Leuchtgeschossen einen Punkt östlich des Mar Grande ansteuerten. Um 23.00 Uhr waren die Torpedobomber am Ziel und griffen in einer Linie von hinten an, die Motoren stark gedrosselt. Williamson ging auf 9 m herunter, passierte das Heck des Schlachtschiffs *Diga di Tarantola* und schoss einen Torpedo auf den Zerstörer *Fulmine* ab. Er traf zwar nicht, detonierte aber neben einem wesentlich größeren Ziel, dem Schlachtschiff *Conte di Cavour*. Dann wurde die Swordfish von Flugabwehrfeuer getroffen und musste notwassern. Williamson und sein Beobachter, Lt N.J. Scarlett, wurden gefangen genommen. Zwei Torpedos der anderen Swordfish trafen das nagelneue Schlachtschiff *Littorio*. Dann setzten die Flugzeuge sich vom Ziel ab und nahmen Kurs auf ihren Träger. Die anderen Swordfish, deren Bomben in Öltanks eingeschlagen waren und ein großes Feuer im Seeflugzeugstützpunkt neben dem Mar Piccolo entfacht hatten, kehrten ebenfalls zurück.

Die zweite Welle, die 50 Minuten nach der ersten gestartet war, hatte keine Probleme, Taranto zu finden. Das ganze Gebiet war durch Suchscheinwerfer und die lodernden Feuer ausgeleuchtet. Diesmal waren es nur acht Flugzeuge, das neunte hatte wegen technischer Probleme zurückkehren müssen. Nun kamen die fünf Torpedobomber von Norden. Zwei ihrer Torpedos trafen die *Littorio*, ein weiterer die *Caio Duilio*, während ein vierter die *Vittorio Veneto* nur knapp verfehlte. Die fünfte Swordfish (Lt G.W. Bailey und Lt. H.G. Slaughter) wurde abgeschossen und explodierte. Beide Besatzungsmitglieder kamen ums Leben.

Gegen 3.00 Uhr waren alle übrig gebliebenen Swordfish wieder sicher an Bord, einige allerdings stark beschädigt. Einige Besatzungen, die die Schiffe im Mar Piccolo bombardiert hatte, berichteten von Versagern.

Eine Bombe hatte den Kreuzer *Trento* mittschiffs getroffen, war abgeprallt und ins Meer gefallen. Das gleiche passierte bei einem Treffer auf den Zerstörer *Libeccio*.

Am nächsten Tag zeigten die Aufklärungsfotos der RAF das ganze Ausmaß der Schäden. Die riesige *Littorio* hatte große Risse in der Seite, wo die drei Torpedos eingedrungen waren. Der Bug hing stark durch, und sie verlor große Mengen Öl. Die Reparaturen nahmen anschließend vier Monate in Anspruch. Die *Caio Duilio* und die *Conte di Cavour* hatten jeweils einen Treffer bekommen. Die erstere war gestrandet; die letztere lag auf dem Grund des Hafens. *Die Duilio* wurde instand gesetzt und war sechs Monate später wieder im Einsatz, während die *Cavour* gehoben und nach Triest geschleppt wurde. Dort war sie immer noch, als sie am 17. Februar 1945 von Bombern der RAF versenkt wurde.

Zum ersten Mal war eine mächtige Flotte durch Trägerflugzeuge außer Gefecht gesetzt worden. Die Wirkung auf die Moral der italienischen Marine war durchschlagend. Nach Taranto war sie nur noch in der Defensive und musste die Überlegenheit der Royal Navy im Mittelmeer anerkennen. Die italienischen Kriegsschiffe waren nun keine ernsthafte Bedrohung mehr für die britischen Konvois, die in immer größerer Zahl das Mittelmeer durchquerten.

Kapitel 8

Der Seekrieg im Westen – 1942–1945

In den ersten Kriegsjahren hatte sich gezeigt, wie gefährlich die *Bismarck* für die Alliierten war. Nun stach ihr Schwesterschiff *Tirpitz* in See und drohte weitere Konvois zu vernichten. Da sich die Kräfteverhältnisse aber inzwischen geändert hatten, versuchte die Royal Navy alles, um die Bedrohung durch die deutschen Großkampfschiffe ein für alle Mal auszulöschen.

Mitte 1941 war die *Bismarck* keine Bedrohung im Atlantik mehr. Die Schlachtkreuzer *Scharnhorst* und *Gneisenau* saßen zusammen mit der *Prinz Eugen* zunächst in den französischen Häfen fest. Was die britische Admiralität aber beunruhigte, war das Schwesterschiff der *Bismarck*, die *Tirpitz*. Nach dem Abschluss der Erprobungsfahrten im Herbst 1941 wurde sie zum Flaggschiff der Ostseeflotte von Admiral Ciliax bestimmt. Im September 1941 fuhr sie in einem Gefechtsverband nach Norden zur Mündung des Finnischen Meerbusens, um einen möglichen Ausbruch der sowjetischen Flotte in die Ostsee zu verhindern. Dazu sollte es aber nie kommen, denn die russischen Kriegsschiffe wurden bereits in ihrem Stützpunkt Kronstadt durch schwere Luftangriffe unter Druck gesetzt.

LINKS: Tänzerinnen unterhalten die Besatzung der *Tirpitz* in Norwegen. Tarnnetze verhüllen die 380-mm-Geschütze.

Gegen Ende Oktober erhielt der britische Geheimdienst Hinweise darauf, dass die *Tirpitz* in den Atlantik verlegt werden sollte. Deshalb positionierte Admiral Tovey Einheiten der Home Fleet – das Schlachtschiff *King George V*, den Flugzeugträger *Victorious*, drei schwere und zwei leichte Kreuzer – und ein amerikanisches Schlachtgeschwader mit den Schlachtschiffen *Idaho* und *Mississippi* und zwei Kreuzern südlich von

Oben: Seeleute reinigen die Hauptbewaffnung der *Admiral Hipper*. Die *Hipper*, eines der aktivsten deutschen Kriegsschiffe, wurde im Mai 1945 von der eigenen Flotte versenkt.

Island und in der Dänemarkstraße. Obwohl die USA noch nicht im Krieg standen, hatte sich die US-Navy nach einem entscheidenden Treffen zwischen Winston Churchill und US-Präsident Roosevelt seit August 1941 am Schutz der Konvois über den Atlantik beteiligt.

DIE „TIRPITZ" TAUCHT AUF

Allerdings verließ die *Tirpitz* erst in der Nacht vom 16. Januar 1942 ihren Heimathafen Wilhelmshaven. Unter der Flagge von Admiral Ciliax und der Führung von Kapitän Topp brach sie nach Trondheim in Norwegen auf. Sie sollte nie wieder zurückkehren.

Die Entscheidung für ihre erste lange Fahrt war im November des Jahres 1941 bei einer Besprechung zwischen Hitler und Admiral Raeder gefallen. Zwei Gründe gab es: Zum einen befürchtete Hitler, dass die Briten eine Landung in Nordnorwegen versuchen könnten und zum anderen fehlte es bereits an Kraftstoff, sodass die *Tirpitz* keine langen Fahrten in den Atlantik unternehmen konnte. Von nun an sollte die Arktis ihr Jagdrevier werden und die alliierten Konvois nach Russland ihre Beute.

Am 6. März machte sich die *Tirpitz*, unterstützt von drei Zerstörern, daran, die Konvois PQ12 und QP8 abzufangen. Der Erste war auf dem Weg nach Murmansk, der Zweite kehrte nach Hause zurück. PQ12 war am Tag zuvor von einer Fw 200 etwa 130 km südlich von der Jan-Mayen-Insel entdeckt worden. Auch die vier U-Boote *U.134*, *U.377*, *U.403* und *U.584* beteiligten sich an der Jagd auf den Konvoi. Die Bewegungen der *Tirpitz* und ihrer Geleitschiffe waren wiederum vom U-Boot *Seawolf* (Lt Raikes) beobachtet worden. Einheiten der Home Fleet, darunter die Schlachtschiffe *King George V*, *Duke of York* und *Renown*, setzten sich zwischen die deutschen Schiffe und die Konvois. Die Konvois begegneten sich mittags am 7. März vor der Bären- Insel. Ciliax schickte ein paar Zerstörer auf die Suche nach den Konvois. Diese konnten einen zurückgebliebenen russischen Frachter versenken, fanden aber keine weiteren Schiffe. Der deutsche Kommandeur wandte sich wieder nach Süden.

Admiral Tovey wusste dank abgehörter Funksprüche genau Bescheid über die Absichten von Ciliax. Er schickte seine Schiffe zu den Lofoten, um die Deutschen dort abzufangen. Im Morgengrauen des 9. März entdeckte ein Albacore-Aufklärer von der *Victorious* die *Tirpitz*. Kurz darauf starteten zwölf Fairey Albacores mit Torpedos zum Angriff. Sie griffen aber hintereinander an, was der *Tirpitz* genügend Zeit gab, den Torpedos auszuweichen. Nur ein Torpedo kam auf 6 m heran. Zwei Albacores wurden abgeschossen. Dieser Fehlschlag traf die Royal Navy zwar schwer, hatte aber doch ein Ergebnis: Auf Befehl von Hitler durfte die *Tirpitz* nicht mehr hinaus auf See, wenn Flugzeugträger in der Nähe waren.

Am 11. März traf sie in Narvik ein und fuhr am nächsten Tag nach Trondheim weiter. Dabei wich sie ei-

UNTEN: Die USS *Washington* war fast jedem anderen Schlachtschiff in Geschwindigkeit, Bewaffnung und Panzerung überlegen.

WASHINGTON

Bewaffnung: Neun 400-mm-, 20 127-mm-Geschütze
Verdrängung: 46 770 t
Länge: 222 m
Breite: 33 m
Antrieb: Vier Schraubenturbinen
Geschwindigkeit: 28 Knoten
Besatzung: 1880 Mann

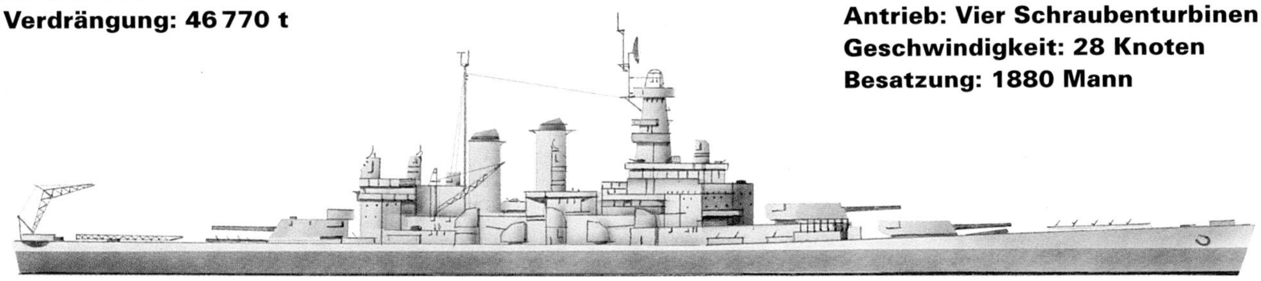

OBEN: Ein Pom-Pom-Geschütz an Bord eines britischen Kriegsschiffs. Dieses 40-mm-Geschütz kam auf vielen britischen Schiffen zum Einsatz.

nem Verband britischer Zerstörer aus, der sie vor Bodø abfangen wollte. Am 27. Juni 1942 fuhr der Konvoi PQ17 mit Ziel Russland von Island los. Er bestand aus 26 Frachtern, geschützt durch Nahunterstützungskräfte und eine Gruppe von vier Kreuzern und drei Zerstörern. In größerer Entfernung warteten außerdem Verbände der Home Fleet, bestehend aus den Schlachtschiffen *Duke of York* und USS *Washington*, die Letztere unter Admiral Toveys Kommando, dem Flugzeugträger *Victorious*, zwei Kreuzern und 14 Zerstörern. Sobald sie von der Abfahrt des Konvois erfuhr, leitete die Reichsmarine die Operation Rösselsprung ein, um den ganzen Konvoi zu zerstören. Am Nachmittag des 2. Juli startete der Verband I unter Admiral Schniewind mit der *Tirpitz*, dem Kreuzer *Admiral Hipper*, vier Zerstörern und zwei Torpedobooten von Trondheim. Am nächsten Tag folgte Verband II unter Vizeadmiral Kummetz, bestehend aus den schweren Kreuzern *Lützow* und *Admiral Scheer* und fünf Zerstörern, von Narvik aus. Er schloss sich beim Altenfjord Verband I an. Dort warteten sie zunächst. Die deutschen Admirale wollten ihre Schiffe keinem Risiko auszusetzen, solange sie nicht genügend Informationen über den Geleitschutz des Konvois hatten.

Die *Tirpitz* blieb bis zum 5. Juli im Altenfjord. Sie hatte keine Feindberührung, kam aber einmal knapp davon, als das sowjetische U-Boot *K.21* (Kapitän Lunin) eine Salve Torpedos auf sie abfeuerte und sie verfehlte.

KLEINST-U-BOOTE

Obwohl die *Tirpitz* den Rest des Jahres 1942 und im Frühjahr 1943 untätig blieb, sorgte die Präsenz des Schlachtschiffs und der anderen strategisch geschickt in Nordnorwegen stationierten schweren Einheiten dafür, dass die Alliierten den arktischen Sommer über wegen fehlender Dunkelheit die Konvois nach Russland einstellten. Also musste etwas unternommen werden. Im August 1943 plante man, sie mit Kleinst-U-Booten anzugreifen. Diese sollten von speziell umgerüsteten U-Booten durch die Nordsee geschleppt werden, das letzte Teilstück bis zur *Tirpitz* mit eigener Kraft machen und dann Sprengladungen unter ihren Rumpf legen.

Die letzten Vorbereitungen waren im Gang, als die Nachricht kam, dass die *Tirpitz* am 6. September den Altenfjord verlassen hatte. Sie war an der Spitze eines Einsatzverbands, bestehend aus der *Scharnhorst* und neun Zerstörern, nach Spitzbergen aufgebrochen, um Stützpunkte der Alliierten zu bombardieren. Während die Kriegsschiffe die Küstenbatterien zerstörten, brachten die Zerstörer ein Bataillon des 349. Grenadierregiments an Land, das Kohlehalden und Vorräte, Wasser- und Elektrizitätswerke zerstörte, bevor es sich wieder zurückzog. Das war das einzige Mal, dass die Hauptbewaffnung der *Tirpitz* gegen ein Überwasserziel eingesetzt wurde.

Der Angriff mit den Kleinst-U-Booten (Operation Source) begann schließlich am 21. September 1943, nachdem die deutschen Kriegsschiffe in den Altenfjord zurückgekehrt waren. *X.8* und *X.9* gingen beim Anmarsch verloren. *X.5* verschwand spurlos, wahrscheinlich geriet es in ein Minenfeld. *X.10* musste wegen technischer Probleme aufgeben. Nur *X.6* (Lt D. Cameron) und *X.7* (Lt B. G. C. Place) konnten in den Ankerplatz eindringen und ihre Sprengladungen unter der *Tirpitz* anbringen. Cameron versenkte danach sein U-Boot und ging mit seiner Besatzung als Gefangener an Bord des Schlachtschiffs. Place versuchte, einen Weg aus den Torpedonetzen zu finden, steckte aber noch fest, als die Sprengladungen detonierten. *X.7* geriet außer Kontrolle. Place und ein weiteres Besatzungsmitglied konnten sich befreien, aber zwei Mann gingen mit dem U-Boot unter.

Die Ladungen explodierten am 22. September um 8.12 Uhr. Das Logbuch der *Tirpitz* vermerkt dazu: „Zwei schwere aufeinander folgende Detonationen auf der Steuerbordseite innerhalb einer Zehntelsekunde. Das Schiff schüttelt sich stark in senkrechter Richtung und schwankt leicht zwischen den Ankern.“ Das Schiff schien einen Meter aus dem Wasser zu steigen und fiel mit leichter Schlagseite wieder herunter. Alle Lichter gingen aus, die wasserdichten Schotten schlossen sich, alle möglichen Geräte lösten sich, und es kam zu einem allgemeinen Aufruhr. Der Schaden war beträchtlich. Eine der Turbinen war aus ihrem Fundament gerissen, und Geschützturm „C“, der immerhin 2000 t wog, war durch die Explosion direkt unter ihm aus den Kugellagern seiner Rollenbahn gerissen worden, fiel wieder herunter und klemmte fest. Außerdem wurden alle Entfernungsmesser und die Feuerleitanlage lahm gelegt. Bis auf den Turm konnte alles an Ort und Stelle wieder repariert werden, was aber viel Zeit in Anspruch nahm.

Zur Reparatur zog sich die *Tirpitz* in den Kaafjord zurück, ein schmales Gewässer, das vom Altenfjord abging. Die hohen, steilen Berge zu beiden Seiten des Fjords machten Luftangriffe fast unmöglich, besonders für Torpedobomber. In der Nacht vom 10. zum 11. Februar 1944 jedoch versuchten 15 sowjetische Marineflieger-Bomber vom Typ Iljuschin Il-4, jede mit 1000 kg Bomben beladen, das Schiff anzugreifen. Vier von ihnen fanden das Ziel, und eine Bombe schlug dicht daneben ein, richtete aber nur geringe Schäden an.

LUFTANGRIFFE

Um die *Tirpitz* endgültig auszuschalten, bevor sie wieder seetüchtig gemacht werden konnte, plante der Oberbefehlshaber der Home Fleet (nun Admiral Sir Bruce Fraser) einen massiven Luftangriff. Den Ankerplatz im Altenfjord simulierte ein Übungsplatz im Loch Eriboll bei Caithness, Schottland, auf dem die Flugzeuge der *Victorious* und der *Furious* im März 1944 intensiv den Angriff auf die *Tirpitz* übten.

Durchgeführt werden sollte der Angriff durch das 8. und 52. TBR Wing (Torpedobomber-Aufklärungsgeschwader), die über die Fairey Barracuda verfügten. Dieser Typ war erstmals acht Monate zuvor bei den Landungen in Salerno in Italien eingesetzt worden. Neben diesen Flugzeugen verfügten die *Victorious* und

UNTEN: Das 42 900-t-Schlachtschiff *Tirpitz* umgeben von Torpedonetzen in einem norwegischen Fjord. Es feuerte seine Geschütze ein einziges Mal im Einsatz ab.

TIRPITZ

Bewaffnung: Acht 380-mm-, zwölf 150-mm-Geschütze
Verdrängung: 52 600 t
Länge: 248 m
Breite: 36 m
Antrieb: Drei Wellengetriebeturbinen
Geschwindigkeit: 29 Knoten
Besatzung: 2608 Mann

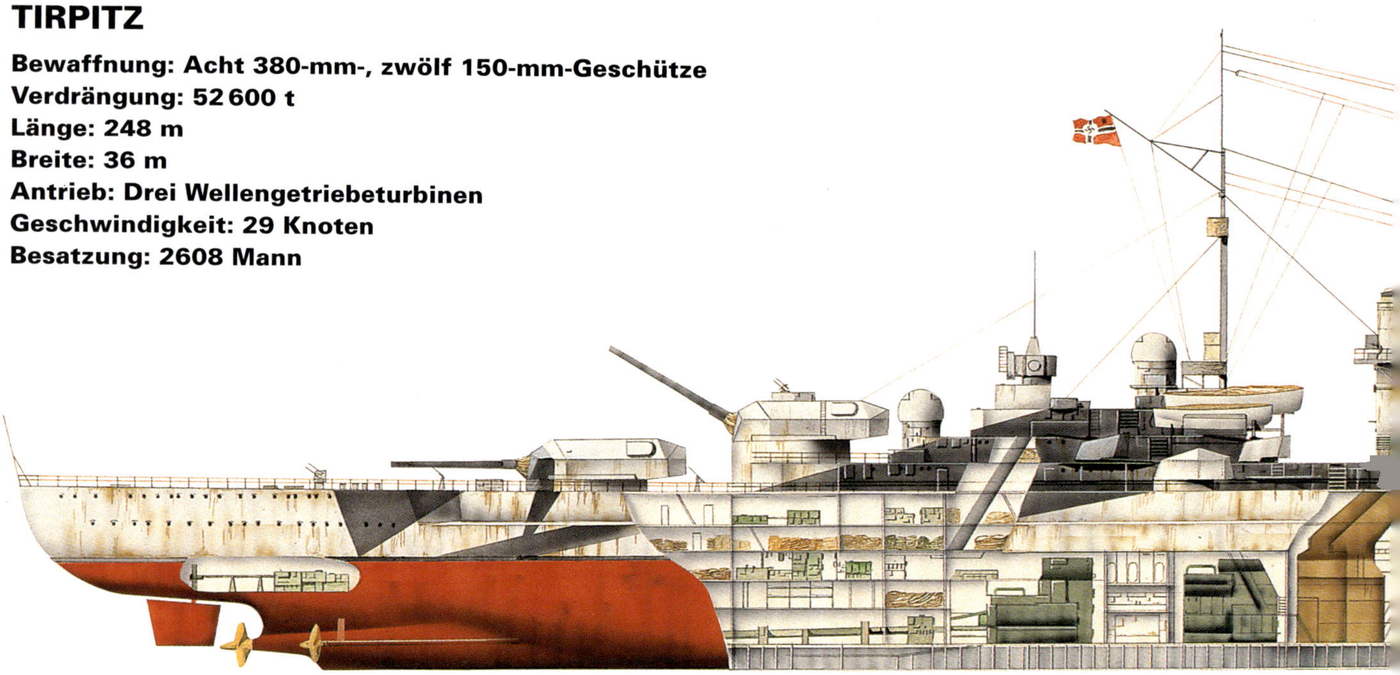

OBEN: Die *Tirpitz* hätte bei einem aggressiven Vorgehen gegen die Arktis-Konvois viel Schaden anrichten können; dazu kam es aber nicht.

Furious außerdem über die No 1834 und 1836 Squadrons, ausgerüstet mit amerikanischen Corsairs, und die No 801 und 880 Squadrons mit Seafires. Weiteren Jagdschutz gaben die Hellcats der No 800 und 804 Squadrons (HMS *Emperor*) und die Martlet V der No 861, 896, 882 und 898 Squadrons (HMS *Pursuer* und *Searcher*), während die Swordfish des No 842 Squadron von der HMS *Fencer* U-Jagd-Einsätze flogen. Geschützt wurde der Trägerverband durch Einheiten der Home Fleet, darunter die Schlachtschiffe *Duke of York* und *Anson*, die Kreuzer *Belfast*, *Jamaica*, *Royalist* und *Sheffield* sowie 14 Zerstörer. Der Angriff sollte während der Durchfahrt des russischen Konvois JW58 stattfinden.

Am 30. März 1944, als der Konvoi bereits unterwegs war, startete die Home Fleet mit zwei Verbänden von Scapa Flow. Der Erste bestand aus den zwei Schlachtschiffen, der *Victorious*, einem Kreuzer und fünf Zerstörern, der Zweite aus der *Furious*, den vier Geleitträgern und drei Kreuzern. Den tatsächlichen Angriff auf die *Tirpitz* (Operation Tungsten) sollte Vizeadmiral Sir Henry Moore, stellvertretender Oberbefehlshaber der Home Fleet (Flaggschiff Anson), durchführen.

Die Verbände sammelten sich am Nachmittag des 2. April etwa 350 km westlich vom Altenfjord und begaben sich in die Abflugstellung etwa 222 km nordwestlich vom Kaafjord, die sie am Anfang des folgenden Tages erreichten. Um 4.30 Uhr starteten 21 Barracudas des No 8 TBR Wing, eskortiert von 21 Corsairs und 20 Hellcats, von der *Victorious* und nahmen Kurs auf ihr Ziel. 80 km vor dem Ziel stiegen die Barracudas, die wegen des feindlichen Radars tief angeflogen waren, auf 2440 m und machten den endgültigen Anflug. Die Jäger waren im Tiefflug vorausgeflogen, um die feindliche Flak niederzuhalten. Die Besatzung der *Tirpitz* war überrascht. Sie versuchte noch, Nebel zu legen, aber das Schiff war noch deutlich erkennbar und wurde von neun panzerbrechenden Geschossen bzw. Sprenggeschossen getroffen.

Eine Stunde später starteten 19 Barracudas des No 52 TBR Wing, begleitet von 39 Jägern, den nächsten Angriff. Inzwischen war der Nebel voll entwickelt, aber er hinderte die deutschen Schützen weit mehr als die Barracudas, die ihr Ziel ohne Problem fanden. Insgesamt gab es 14 Treffer, wobei 122 Mann getötet und 316 verwundet wurden. Obwohl die Bomben die schwere Panzerung nicht durchschlagen hatten, gab es schwere Schäden an den Aufbauten und am Feuerleitsystem, die das Schiff weitere drei Monate außer Gefecht setzten. Die Briten verloren zwei Barracudas und eine Hellcat.

Weitere Versuche, die *Tirpitz* im Mai anzugreifen, wurden durch schlechtes Wetter vereitelt. Erst am 17. Juli 1944 fand ein weiterer Angriff statt, diesmal

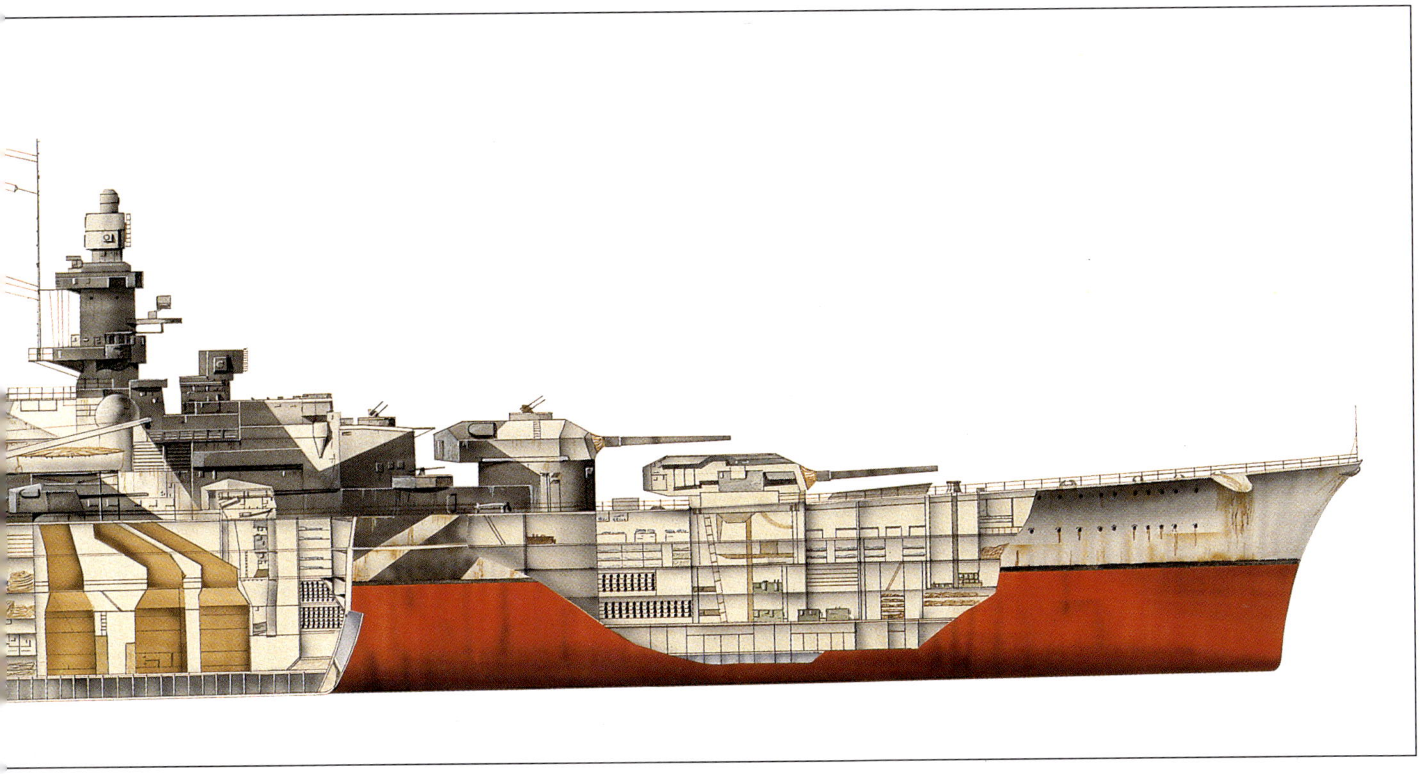

durch Flugzeuge von der *Formidable*, *Furious* und *Indefatigable* unter dem Kommando von Konteradmiral R. R. McGrigor. Der Schutzverband, bestehend aus dem Schlachtschiff *Duke of York* und den Kreuzern *Bellona*, *Devonshire*, *Jamaica* und *Kent*, wurde von Admiral Sir Henry Moore geführt, nun Oberbefehlshaber der Home Fleet anstelle von Admiral Sir Bruce Fraser. 45 Barracudas der No 820 und 826 Squadrons (*Indefatigable*) und der 827 und 830 Squadrons (*Formidable*) starteten zum Angriff. Geschützt wurden sie von 50 Jägern, darunter auch Fairey Fireflies des No 1770 Squadron, die so zu ihrem ersten Kampfeinsatz kamen. Diesmal hatte die *Tirpitz* aber genügend Vorwarnungen. Das Schiff verschwand unter einer Nebelwand, die Flak-Batterien waren alarmiert, sodass der Angriff völlig erfolglos blieb.

Der nächste Angriff am 22. August endete mit einer Katastrophe. Die angreifenden Flugzeuge wurden entdeckt und von Me 109 des Jagdgeschwaders 5, des Arktikgeschwaders der Luftwaffe, abgefangen. Elf Flugzeuge, größtenteils Barracudas, wurden abgeschossen. Der Geleitträger *Nabob* wurde vor dem Nordkap von *U.534* torpediert und irreparabel beschädigt. *U.534* wurde drei Tage später von einem Flugzeug des Geleitträgers *Vindex* versenkt. Bei einem Angriff am 24. August kämpften sich die Barracudas fast blind durch den Nebel und konnten nur zwei kleinere Treffer landen. Ein weiterer Angriff am 29. August blieb erfolglos. Wenn man einen wegen schlechten Wetters abgebrochenen Angriff vom 20. August dazuzählt, haben die Marineflieger insgesamt 247 Einsätze geflogen.

Die *Tirpitz* wurde zur Reparatur in südlicher Richtung nach Tromso verlegt. Dort war sie noch am 12. November 1944, als sie durch 5443-kg-Bomben von Lancasters der No 9 und 617 Squadrons des RAF Bomber Command endgültig zerstört wurde.

EINE NEUE BEDROHUNG

Inzwischen konnte auch eine weitere Bedrohung der Atlantikkonvois, der Schlachtkreuzer *Scharnhorst*, ausgeschaltet werden. Im Februar 1942 war sie zusammen mit ihrem Schwesterschiff *Gneisenau* und dem schweren Kreuzer *Prinz Eugen* aus dem Hafen von Brest ausgebrochen und hatte in einem kühnen Rennen durch den Ärmelkanal die deutschen Nordseehäfen erreicht. Unterwegs lief die *Scharnhorst* auf Minen und wurde erst Oktober 1942 wieder für einsatzbereit erklärt. Am 11. Januar 1943 versuchte sie mit der *Prinz Eugen* und drei Zerstörern nach Norwegen zu gelangen und sich dem Trondheim-Geschwader anzuschließen. Westlich des Skagerrak wurden die Schiffe aber von britischen Aufklärungsflugzeugen gesichtet und erhielten den Befehl, nach Deutschland zurückzukehren.

Ein zweiter Verlegungsversuch in stürmischem Wetter am 8. März 1943 (ohne *Prinz Eugen*) war erfolgreich. Am 11. März fuhren die *Scharnhorst* und *Tirpitz*, begleitet von Zerstörern und Torpedobooten, von Trondheim zur Bogen-Bucht in der Nähe von Narvik, um sich dem schweren Kreuzer *Lützow* anzuschließen. Am 22. März verlegten sie dann in den Altenfjord.

Am 6. September 1943 begleitete die *Scharnhorst* die *Tirpitz* auf die Operation Sizilien, die Landung auf Spitzbergen. Dann stach sie im Dezember wieder in See, diesmal um die Arktik-Konvois abzufangen. Nach einer Pause von mehreren Monaten, als es wegen der Gefahren keine Konvois nach Russland gegeben hatte, waren die Fahrten im November wieder aufgenommen worden. Konvoi RA54A fuhr ohne Zwischenfall von Archangelsk nach England. Zwei weitere Konvois, JW54A und JW54B, kamen ebenfalls ungestört von Loch Ewe nach Russland. Die nächsten beiden Konvois wurden aber von der Luftwaffe gemeldet. Admiral Dönitz gab den Befehl zum Angriff. Es beteiligten sich nicht nur die 24 U-Boote aus Bergen und Trondheim, sondern ebenso die verfügbaren Überwasserschiffe, auch die *Scharnhorst*.

Am 1. Weihnachtstag um 14.00 Uhr startete diese – nun unter der Führung von Kapitän F. Hintze und der Flagge von Admiral Bey, ein früherer Zerstörerkommodore, der erst kurz zuvor die Schlachtgruppe Nord übernommen hatte – von Norwegen in der Begleitung von fünf Zerstörern, um JW55B abzufangen, der am 22. Dezember von Luftaufklärern gesichtet worden war. Der Konvoi war bereits erfolglos von Ju88 und U-Booten angegriffen worden. Am 26. Dezember ließ Admiral Bey seine Zerstörer eine Patrouillenlinie bilden, um den Konvoi in der rauen See zu suchen. Er wusste, dass ein britischer Kreuzerverband mit der *Belfast*, *Norfolk* und *Sheffield* in der Barentssee operierte. Was er aber nicht wusste, war, dass sich ein weiterer Verband, geführt von Admiral Fraser, in einiger Entfernung befand. Fraser war mit dem Schlachtschiff *Duke of York*, dem Kreuzer *Jamaica* und vier Zerstörern von Island gestartet.

Fraser wusste, dass JW55B von feindlichen Flugzeugen aufgeklärt worden war und glaubte sicher, dass die *Scharnhorst* angreifen würde. Er stellte vier Kreuzer vom Konvoi RA55A, den er nicht für gefährdet hielt, zum Schutz von JW55B ab. Er hoffte, dass der verstärkte Kreuzerverband nicht nur die *Scharnhorst* von ihrem Ziel abbringen würde, sondern sie auch so schwer beschädigen konnte, dass die *Duke of York* sie anschließend zerstören konnte. Zu diesem Zeitpunkt waren Frasers Schiffe 370 km südwestlich vom Nordkap und die Kreuzer unter Admiral Burnett 278 km östlich davon.

Die fünf Zerstörer von Admiral Bey hatten aber den Konvoi nicht gefunden; überdies hatten sie wegen eines Übertragungsfehlers den Kontakt zum Flaggschiff ver-

UNTEN: Britische Spezialisten untersuchen nach dem Krieg das gekenterte Wrack der *Tirpitz*. Sie wurde von sechs Tonnen schweren panzerbrechenden Bomben zerstört.

OBEN: Der Spurt der *Scharnhorst, Gneisenau* und *Prinz Eugen* durch den Ärmelkanal im Februar 1942 war eine starke Demütigung für die Royal Navy.

loren und wurden zu ihrem Stützpunkt zurückbeordert. So nahmen sie nicht am Gefecht teil. Am 26. um 8.40 Uhr sahen die Kreuzer *Norfolk* und *Belfast* die *Scharnhorst* auf ihrem Radar. Um 9.21 Uhr wurde sie bei stürmischem Wetter in der Dunkelheit von der *Sheffield* auf 12 000 m gesichtet. Wenige Minuten später eröffneten die drei Kreuzer das Feuer und konnten drei Treffer landen. Einer setzte das Feuerleitsystem auf der Backbordseite außer Gefecht. Die *Scharnhorst* antwortete mit ein paar harmlosen 280-mm-Salven, bevor Bey nach Südosten abdrehte. Burnett setzte seine Kreuzer zwischen die *Scharnhorst* und den Konvoi, der auch noch durch vier Zerstörer geschützt wurde. Um 12.21 Uhr sichteten die Kreuzer die *Scharnhorst* erneut und schossen aus 10 000 m volle Breitseiten, während die Kreuzer ausschwärmten, um mit Torpedos anzugreifen. Bevor sie ihre Stellungen beziehen konnten, zog sich der Schlachtkreuzer nach Nordosten zurück. Vorher hatte er die Türme und das Radarsystem der *Norfolk* zerstört. Die *Sheffield* erlitt ein paar kleinere Schäden, während die *Scharnhorst* einen Treffer in Geschützturm „A" und auf das Poopdeck erhalten hatte.

Um 16.17 Uhr war die *Duke of York* nur noch 37 km in nordnordöstlicher Richtung entfernt, als sie ein Radarecho von der *Scharnhorst* aufnahm. Um 16.50 Uhr ließ Fraser die *Belfast* Leuchtgranaten abschießen, sofort darauf eröffnete die *Duke of York* das Feuer mit ihren 355-mm-Geschützen. Admiral Bey saß nun zwischen Burnetts Kreuzern im Norden und Frasers Kriegsschiffen im Süden. Nun musste er sich durchkämpfen. Nachdem die Schützen der *Scharnhorst* sich von der Überraschung erholt hatten, antworteten sie mit präzisem Feuer. Obwohl sie das britische Schlachtschiff mehrfach trafen, gelang ihnen aber kein Volltreffer. Die

Oben: Der Befehlshaber der deutschen Schlachtschiffflotte, Admiral Ciliax, inspiziert mit Kapitän Hoffmann (rechts) die Besatzung der *Scharnhorst*.

Duke of York schoss genauso gut. Bei 52 Breitseiten landete sie 31 Treffer. Dabei wurden die Türme „A" und „B" kampfunfähig geschossen und einige Dampfrohre zerstört. Nun konnte Bey nicht mehr fliehen.

Nachdem ein Drittel der Türme der *Scharnhorst* außer Gefecht war, sah Fraser ein, dass seine 355-mm-Geschosse, aus kurzer Entfernung flach abgefeuert, die Panzerung der *Scharnhorst* nicht durchschlagen konnten. Also drehte er ab und überließ den Rest den Kreuzern. Die *Savage* und *Saumarez* kamen vom Nordwesten mit schwerem Feuer und Leuchtgeschossen, während die *Scorpion* und *Stord* von Südosten angriffen. Als Hintze sein Schiff nach Steuerbord zum Angriff drehte, traf einer der Torpedos von der *Scorpion*. Kurz danach folgten drei weitere von den beiden anderen Kreuzern. Als sich die kleineren Schiffe im Schutz des Nebels zurückzogen, kamen die *Duke of York* und die Kreuzer näher, um den Schlachtkreuzer mit Dauerfeuer zu erledigen. Lieutenant B.B. Ramsden von der HMS *Jamaica* schrieb später, dass die *Scharnhorst* „die Hölle auf Erden gewesen sein muss. Die 355-mm-Geschosse trafen sie direkt oder prallten von der Meeresoberfläche ab. Die Blitze erhellten die Nacht, das Feuer erfolgte ohne Unterbrechung, und die *Scharnhorst* schoss immer noch zurück, mit den wenigen Geschützen, die ihr geblieben waren."

Um 19.30 Uhr war der Schlachtkreuzer nur noch ein brennendes Wrack, glühend rot in der arktischen Nacht. Die Zerstörer versenkten sie mit ihren Torpedos. 15 Minuten später flog sie in die Luft. Aus der eiskalten See konnten von 1968 Mann nur 36 gerettet werden. Wie ihre Kameraden von der *Bismarck* zweieinhalb Jahre vorher hatten sie tapfer bis zum Ende gekämpft. Nun wurden sie aus dem ölverschmierten Wasser gezogen und von der *Duke of York* als Gefangene nach England gebracht. So endete die Schlacht am Nordkap und damit der letzte Versuch eines deutschen Großkampfschiffs, die Überlegenheit der Royal Navy in Frage zu stellen.

Neben ihren Aufgaben zum Schutz der Konvois wurden die Großkampfschiffe der Alliierten immer häufiger auch zur Küstenbombardierung eingesetzt. Im November 1942 schlossen sich die US-Schlachtschiffe *Massachussetts* und *Texas* dem britischen Verband H an. Dieser bestand aus den Schlachtschiffen *Duke of York*, *Nelson* und *Rodney* und dem Schlachtkreuzer *Renown*. Der Zusammenschluss sollte die Landung der Alliierten in Nordafrika (Operation Torch) unterstützen. Im Juli 1943 beteiligten britische und amerikanische Kreuzer sich in erster Linie an der Unterstützung der Landung in Sizilien, während die britischen Schlachtschiffe *Nelson*, *Rodney*, *Warspite* und *Valiant* einen mächtigen Sicherungsverband bildeten, zusätzlich unterstützt von der *King George V* und *Howe*, die in der Home Fleet von den US-Schlachtschiffen *Alabama* und *South Dakota* abgelöst worden waren.

ITALIEN GIBT AUF

Am 8. September 1943 akzeptierte die italienische Regierung die Bedingungen der Alliierten für den Waffenstillstand. Als die Nachricht bekannt gegeben wurde, beorderte der Oberbefehlshaber der Royal Navy, Admiral Cunningham, einen großen Verband nach Taranto, wo er die 1. Luftlandedivision absetzte (Operation Slapstick). Die italienische Flotte, die an die Alliierten übergeben worden war, erhielt den Auftrag, von La Spezia auf einer festgelegten Route nach Süden zu fahren. Die Flotte, bestehend aus den Schlachtschiffen *Roma*, *Vittorio Veneto* und *Italia* (ehemals *Littorio*), sechs Kreuzern und acht Zerstörern, machte sich am Morgen des 9. September auf den Weg. Am Nachmittag wurden die Schiffe von sechs Dornier 217 des KG 100 angegriffen, die von Marseilles gestartet waren und über funkgelenkte FX-Flugkörper verfügten. Das Schlachtschiff *Roma* erhielt zwei Treffer und versank mit 1255 Mann an Bord. Die *Italia* wurde ebenfalls getroffen, konnte aber Malta aus eigener Kraft erreichen. Die Zerstörer *Da Noli* und *Vivaldi*, die von Castellamare kamen, wurden aus den von deutschen Truppen besetzten Küstenbatterien in der Straße von Bonifacio beschossen, wobei die *Vivaldi* versenkt wurde. Die *Da Noli* lief auf eine Mine. Unterdessen hatten die britischen Kräfte in Taranto die anderen italienischen Schiffe, darunter die Schlachtschiffe *Andrea Doria, Caio Duilio* und *Giulio Cesare*, übernommen.

Am 9. September betraten die Alliierten bei Salerno das italienische Festland. Trotz des starken deutschen Widerstands war die erste Landung erfolgreich. Die Truppen erreichten aber ihr erstes Ziel zunächst nicht. Am 13. September startete die Wehrmacht einen größeren Gegenangriff, der die Alliierten in eine schwierige Lage brachte. Kreuzer wurden nach Tripolis abkommandiert, um Verstärkungen an Land zu bringen. Für zusätzliche Feuerunterstützung sorgten die Schlachtschiffe *Warspite* und *Valiant*, die aus Malta kamen. In der Nacht des 16. September konnte der gegnerische Vorstoß zum Halten gebracht werden. Allerdings hatten schon am 11. die Dornier 217 des KG 100 mit ihren funkgelenkten FX-1400-Flugkörpern und Hs-293-Gleitbomben die Kreuzer USS *Savannah* und HMS *Uganda* schwer beschädigt, das Lazarettschiff *Newfoundland* und ein Versorgungsschiff versenkt und mehrere weitere Schiffe beschädigt. Am 16. wurde die HMS *Warspite* von zwei Bomben getroffen und musste nach Malta zurückgeschleppt werden. Sie wurde notdürftig repariert, um am 6. Juni 1944 die Invasion der Alliierten in der Normandie zu unterstützen.

An dieser riesigen Operation waren insgesamt sieben Schlachtschiffe, zwei Monitore, 23 Kreuzer, drei Kanonenboote, 105 Zerstörer und 1073 kleinere Schiffe beteiligt. Bei den Schlachtschiffen handelte es sich um die *Nevada*, *Texas* und *Arkansas* sowie die HMS *Nelson*, *Ramillies*, *Rodney* und *Warspite*, die jeweils ihre Landungsstreifen sicherten. Das war die größte Zusammenfassung von Schiffsartillerie überhaupt. Sie sollte nur noch von den Ereignissen übertroffen werden, die sich in den folgenden Monaten anbahnten, als die Alliierten sich nach Japan durchkämpften.

UNTEN: Das 1922 auf Kiel gelegte und 1927 fertig gestellte Schlachtschiff HMS *Nelson* war bis 1941 das Flaggschiff der Flotte.

NELSON

Bewaffnung: Neun 406-mm-, zwölf 152-mm-Geschütze
Verdrängung: 38 000 t
Länge: 216,8 m
Breite: 32,4 m
Antrieb: Zwei Schraubenturbinen
Geschwindigkeit: 23,5 Knoten
Besatzung: 1361 Mann

Kapitel 9

Der Seekrieg im Fernen Osten – 1941–1945

Pearl Harbour läutete das Ende des Schlachtschiffs ein. Die Marineflieger bewiesen ihre Stärke, und die Schlachten im Pazifik fanden fast ausschließlich zwischen Trägergruppen statt. Schlachtschiffe wie die *Yamato* waren mit ihren schweren Geschützen immer noch starke Gegner, aber ohne Schutz aus der Luft den gegnerischen Torpedobombern preisgegeben.

Am 26. November 1941 verließ ein japanischer Angriffsverband, bestehend aus sechs Flugzeugträgern und starken Geleitkräften – darunter die Schlachtkreuzer *Hiei* und *Kirishima* aus der ehemaligen „Kongo"-Klasse, die nach einem Umbau Ende der 30er Jahre als Schlachtschiffe eingestuft worden waren – seinen Sammelraum in der Hittokappu-Bucht und machte sich auf in den Pazifik. Elf Tage später, am 7. Dezember 1941, flogen fast 300 Bomber, Sturzkampfbomber und Torpedobomber in zwei Wellen zum Angriff auf Pearl Harbour, den Stützpunkt der US-Pazifikflotte auf Hawaii.

LINKS: Das Schlachtschiff USS *Arizona* steht am 7. Dezember 1941 in Pearl Harbour in Flammen. Es war eines von vier Kriegsschiffen, die versenkt wurden.

Unter den Verlusten war das Schlachtschiff *Arizona*, der Stolz der Pazifikflotte und Flaggschiff von Konteradmiral Isaac C. Kidd, das von einem Torpedo und acht Bomben getroffen wurde und mit 1404 Menschen an Bord versank. Auch die *California* erlitt schwere Bombentreffer und musste 98 Menschenleben beklagen. Drei Tage später ging sie unter. Ein ähnliches Schicksal traf die *Nevada*, *Oklahoma*, *West Virginia*, *Maryland*, *Pennsylvania* und *Tennessee*. Sie alle waren gesunken, gestrandet oder zumindest schwer beschädigt. Pearl Harbour, ein „Tag der Schande" für die Amerikaner,

OBEN: Die US-Schlachtschiffe *West Virginia* und *Tennessee* brennend nach dem Angriff der Japaner auf Pearl Harbour. Beide wurden wieder aufgebaut und im Pazifik eingesetzt.

war ein Meisterstück in Planung und Durchführung. Der Kopf dahinter war Admiral Isoroku Yamamoto, Oberbefehlshaber der japanischen Marine und einer der fähigsten Marineführer aller Zeiten. Er hatte aus dem britischen Angriff auf die italienische Flotte in Taranto ein Jahr zuvor die richtigen Schlüsse gezogen. Nach der Zerstörung der amerikanischen Großkampfschiffe war der Weg frei für die Eroberung des Pazifik. Nun blieben noch der Indische Ozean und die Javasee, bislang in der Hand der Briten und Niederländer.

SINGAPUR UND DIE JAPANISCHE EXPANSION

Der Plan der Admiralität, Schiffe aus der Mittelmeerflotte zum Indischen Ozean abzuziehen und das Mittelmeer den Franzosen zu überlassen, war mit dem Fall Frankreichs 1940 nur noch Makulatur. Im August 1941 plante die Admiralität nun, im Frühjahr 1942 den Fernen Osten mit sechs Großkampfschiffen, einem modernen Flugzeugträger und leichten Kräften zur Unterstützung zu verstärken.

In der Zwischenzeit konnte man aber nicht mehr tun als das neue Schlachtschiff *Prince of Wales* abzukommandieren, unterstützt durch den alten Schlachtkreuzer *Repulse* und den Flugzeugträger *Indomitable*, dessen fliegende Gruppe für die notwendige Luftunterstützung sorgen sollte. Auch dieser Plan scheiterte zunächst, als die *Indomitable* bei einem Einsatz vor Jamaika auf Grund lief. Nach 14 Tagen war sie jedoch wieder repariert und einsatzbereit.

Die *Prince of Wales*, Flaggschiff von Konteradmiral Sir Tom Phillips, war unterdessen am 25. Oktober vom Clyde aufgebrochen. Begleitet von den Zerstörern *Electra* und *Express*, hatte sie den Befehl, über Freetown, Simonstown und Ceylon nach Singapur zu fahren. Dort stießen am 28. November die *Repulse* aus dem Atlantik und die Zerstörer *Encounter* und *Jupiter* aus dem Mittelmeer dazu. Der Verband traf am 2. Dezember in Singapur ein. Die Admiralität hatte lange gezögert, ihre Kriegsschiffe in Singapur zusammenzuziehen. Sie hätte Ceylon bevorzugt. Winston Churchill hingegen war ebenso wie das Außenministerium fest davon überzeugt, dass allein ihre Anwesenheit in Singapur ausreichen würde, um die Japaner von Kriegshandlungen abzuschrecken. Man hatte natürlich Befürchtungen, dass der Verband ohne die *Indomitable* feindlichen Luftangriffen schutzlos ausgesetzt wäre. Die wenigen Flugzeuge der RAF in Singapur und auf der Malayischen Halbinsel konnten an dieser Tatsache kaum etwas ändern. Wegen der prekären Lage von Phillips Schiffen entschloss sich die Admiralität schließlich, sie wieder aus Singapur herauszunehmen.

Am 5. Dezember 1941 brach die *Repulse* (Kapitän Tennant) nach Port Darwin in Nordaustralien auf. Am nächsten Tag wurde jedoch ein japanischer Konvoi vor

UNTEN: Pearl Harbour mit den Schlachtschiffen im Vordergrund. Wegen des Verlustes der Schlachtschiffe musste sich die US-Pazifikflotte auf ihre Trägerverbände stützen.

Indochina gemeldet, und Tennant erhielt den Befehl, nach Singapur zurückzukehren, um das Flaggschiff zu unterstützen. Wenige Stunden später kamen die Nachrichten vom japanischen Überfall auf Pearl Harbour und weiteren Landungen, darunter auch in Malaya und Thailand. Am Abend des 8. Dezember 1941 fasste Admiral Phillips die *Prince of Wales*, *Repulse* und vier Zerstörer zum so genannten Verband Z zusammen, um die japanischen Landungskräfte anzugreifen, die in Singora an der nordöstlichen Küste von Malaya gelandet waren.

Am nächsten Morgen erhielt er aus Singapur die Meldung, dass kein Jagdschutz verfügbar sei und starke japanische Bomberkräfte sich in Thailand sammeln würden. Da Phillips außerdem wusste, dass seine Schiffe bereits von feindlichen Aufklärungsflugzeugen gesichtet worden waren, brach er seinen Einsatz am 9. Dezember um 20.15 Uhr ab und kehrte zurück nach Singapur. (Der Verband Z war außerdem vom U-Boot *I.65* gesichtet worden; die durchgegebene Position war aber ungenau, sodass andere feindliche U-Boote den Verband nicht orten konnten.)

Kurz vor Mitternacht erhielt Phillips eine Funkmeldung, dass die Japaner in Kuantan landeten. Er drehte ab in Richtung Küste, um diese Invasionskräfte abzufangen. Der Bericht war falsch, aber in den frühen Morgenstunden des 10. Dezember wurde der Verband Z vom U-Boot *I.58* (Kapitänleutnant Kitamura) gesichtet. Er machte einen erfolglosen Torpedoangriff und verfolgte dann die britischen Schiffe fünfeinhalb Stunden lang. Dabei meldete er regelmäßig die Position, sodass die Aufklärungsflugzeuge der 22. Marinefliegerflotille ihn sichten und im Auge behalten konnte.

Von den Flugplätzen in Indochina waren bereits die Angriffsflugzeuge der Flotille, 27 Bomber und 61 Torpedobomber, in Richtung Süden unterwegs. Sie passierten den Verband Z im Osten und flogen eine Weile weiter, bevor sie drehten. Gegen 11.00 Uhr am 10. Dezember sichteten sie die Schiffe.

Die Luftangriffe waren meisterhaft koordiniert. Die hoch fliegenden Bomber vom Typ Mitsubishi G4M1 Betty kamen in 3660 m Höhe herein, um die Flugabwehr abzulenken, während die Torpedobomber vom Typ G3M2 Nells aus verschiedenen Richtungen angriffen. Die *Prince of Wales* erhielt rasch zwei Torpedotreffer. Ihre Schrauben und die Rudereinrichtung wurden schwer beschädigt, und zahlreiche Fla-Geschütze fielen aus. Die *Repulse* konnte eine Zeitlang durch kunstvolle Ausweichmanöver den Angriffen entgehen, aber es waren einfach zu viele Angreifer. Sie wurde von vier Torpedos getroffen. Um 12.33 Uhr kippte sie um und versank. 50 Minuten später ereilte das Flaggschiff, unterdessen von zwei Torpedos getroffen, das gleiche Schicksal.

Die Geleitzerstörer nahmen 2081 Mann an Bord, aber 840 verloren ihr Leben, darunter Admiral Phillips und Kapitän Leach von der *Prince of Wales*. Kapitän Tennant von der *Repulse* überlebte, weil er buchstäblich in letzter Minute von seinen Männern von der Brücke geholt wurde.

Die Japaner konnten nun praktisch ungehindert an verschiedenen Stellen der malayischen Küste landen und drangen bis nach Singapur vor, das sie Anfang 1942 eroberten. Der Widerstand der alliierten Marinen gegen die feindlichen Landungen in Java und Sumatra wurde schnell niedergeschlagen. Das alte niederländische Schlachtschiff *Soerabaja* (vorher *De Zeven Provincien*, das letzte Schlachtschiff der niederländischen Marine) fiel am 18. Februar 1942 den Luftangriffen zum Opfer.

UNTEN: Das Schlachtschiff *North Carolina* gehörte bis 1941 zur US-Atlantikflotte und wurde nach Pearl Harbour in den Pazifik verlegt. Dort wurde es von den Japanern torpediert.

NORTH CAROLINA

Bewaffnung: Neun 400-mm-, 20 127-mm-Geschütze
Verdrängung: 46 770 t
Länge: 222 m
Breite: 33 m
Antrieb: Schrauben, Dreifachexpansionsmaschinen
Geschwindigkeit: 28 Knoten
Besatzung: 1880 Mann

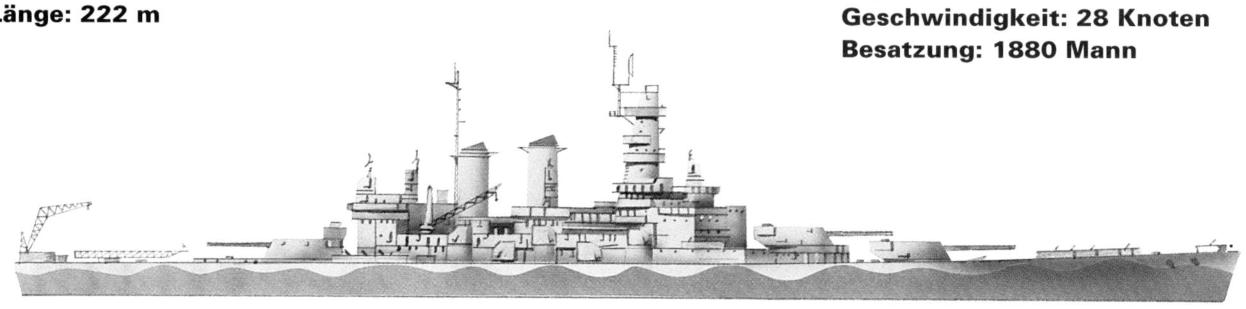

OBEN: Japanische Einheiten vor Anker; von vorn nach hinten: das Schlachtschiff *Nagato*, der Schlachtkreuzer *Kirishima*, das Schlachtschiff *Ise* und der Schlachtkreuzer *Hiei*

INDIEN WIRD BEDROHT

Im Frühjahr 1942, während die Japaner ihre Blitzfeldzüge in Südostasien und im Pazifik fortsetzten, konzentrierte sich die Admiralität darauf, eine neue Fernostflotte mit Heimathafen Ceylon zusammenzustellen. Diesen Hafen hatte die Admiralität ja von vornherein bevorzugt. Gegen Ende März verfügte diese Flotte über zwei große Flugzeugträger, die *Indomitable* und *Formidable* (Letztere war nach einer zehnmonatigen Unterbrechung nach Schäden, die sie im Mai 1941 vor Kreta erlitten hatte, endlich wieder einsatzbereit) sowie die kleinere *Hermes*. Weiterhin waren fünf Schlachtschiffe dabei, die *Ramillies*, *Resolution*, *Revenge*, *Royal Sovereign* und *Warspite* – alle noch aus dem Ersten Weltkrieg – und sieben Kreuzer, 16 Zerstörer sowie sieben U-Boote. Die Flotte wurde vom 27. März an von Admiral Sir James Somerville geführt, dem begabten Marineführer, der vorher den Verband H in Gibraltar geführt hatte. Er musste sich sofort mit einer Krise auseinander setzen. Am 4. April sichtete ein Catalina-Flugboot einen japanischen Einsatzverband, der sich Ceylon vom Süden näherte. Es konnte gerade noch seine Position durchgeben, bevor es abgeschossen wurde. Bei dem Verband handelte es sich um den 1. Träger-Angriffsverband von Admiral Nagumo, bestehend aus fünf Flugzeugträgern, begleitet von vier Schlachtschiffen, drei Kreuzern und neun Zerstörern.

Die Japaner hatten ganz klar die Absicht, die totale Seeherrschaft im Osten zu erringen und zu diesem Zweck die britische Fernostflotte zu zerstören. Für die Briten war das höchst gefährlich, denn wenn die Japaner tatsächlich Ceylon einnehmen würden, war nicht nur Indien in Gefahr, sondern auch sämtliche Handelswege in den Nahen Osten. Das geschah zu einer Zeit, als alle Versorgungsgüter über das Kap umgeleitet werden mussten, denn Rommel hatte die 8. Armee nach Ägypten zurückgetrieben, und in Russland wurde eine neue deutsche Offensive eingeleitet. Die Möglichkeit einer Verbindung zwischen Deutschen und Japanern im Nahen Osten scheint im Nachhinein ziemlich weit hergeholt, aber Churchill und seine Kollegen waren damals ernsthaft besorgt. Später sprach er vom gefährlichsten Moment im ganzen Krieg.

Sobald die Nachrichten über den japanischen Einsatzverband eingetroffen waren, befahl Admiral Layton, der Kommandeur in Ceylon, dass jedes Schiff Colombo

OBEN: Die *Indiana* kämpfte während des gesamten Krieges im Pazifik. Sie wurde zunächst durch eine Kollision, dann durch japanische Kamikaze-Flugzeuge beschädigt.

verlassen sollte, wenn es in der Lage dazu war. Die Kreuzer *Cornwall* und *Dorsetshire*, die vorher auf Somervilles Befehl hin abkommandiert worden waren, erhielten den Befehl, sich Verband A anzuschließen, der schnellen Einsatzgruppe der Fernostflotte, zu der auch die Flugzeugträger und die *Warspite* gehörten.

Am Morgen des 5. April, einem Ostersonntag, wurde der japanische Verband wieder von einer Catalina gesichtet. Kurz darauf folgte ein Angriff von 53 Bombern vom Typ Nakajima B5N Kate und 38 Sturzkampfbombern Aichi D3A Val, begleitet von 36 Zero-Jägern, auf Colombo. Der Angriff richtete schwere Verwüstungen in der Stadt an, die Hafeneinrichtungen und Schiffe wurden aber kaum getroffen. Allerdings wurden der Hilfskreuzer *Hector* und der Zerstörer *Tenedos* versenkt.

Gegen Mittag wurden die Kreuzer *Cornwall* und *Dorsetshire* von einem Aufklärungsflugzeug des schweren Kreuzers *Tone* gesichtet. Sofort wurden 53 Val-Sturzkampfbomber in den Angriff geschickt. Diesmal war die Bombardierung verheerend präzise, und beide Schiffe wurden versenkt. 1112 Männer (von insgesamt 1546) konnten später vom Kreuzer HMS *Enterprise* und zwei Zerstörern gerettet werden. Albacores vom Flugzeugträger *Indomitable* starteten später zu einer nächtlichen Radarsuche des feindlichen Verbandes; dieser aber hatte sich nach Südosten zum Betanken zurückgezogen, bevor er wieder Kurs Norden fuhr, um den Marinestützpunkt Trincomalee anzugreifen. Unterdessen war Admiral Somervilles Verband A auf dem Weg von Ceylon zum Addu-Atoll, während die langsame Division (Verband B) in großem Abstand folgte. Seine Schiffe waren nur 370 km von Nagumos Einsatzverband entfernt, aber es kam zu keinerlei Kontakt. Das Addu-Atoll war als geheimer Stützpunkt der Fernostflotte eingerichtet worden. Da Somerville den Feind nicht entdecken konnte, zog er sich dorthin zurück, um seinen Verband vor einem Überraschungsangriff zu schützen.

LINKS: Die *Alabama* war beim Ausbruch des Krieges eines der modernsten US-Schlachtschiffe. Sie begleitete 1942 Konvois und wurde dann in den Pazifik verlegt.

Am 8. April sichtete eine Catalina erneut den japanischen Trägerverband 740 km östlich von Ceylon, und die Schiffe in Trincomalee erhielten den Befehl, in See zu stechen. Alle Einheiten, auch der leichte Träger *Hermes*, konnten entkommen, bevor am Morgen des 9. Ap-

QUEEN ELIZABETH

Bewaffnung: Acht 380-mm-, 16 152-mm-Geschütze
Verdrängung: 33 020 t
Länge: 197 m
Breite: 28 m
Antrieb: Vier Schraubenturbinen
Geschwindigkeit: 23 Knoten
Besatzung: 951 Mann

OBEN: Die *Queen Elizabeth*. 1941 in Alexandria durch Italiener schwer beschädigt, wurde sie nach der Instandsetzung 1944–1945 im Indischen Ozean eingesetzt.

ril 91 Bomber und Sturzkampfbomber in Begleitung von 38 Jägern zum erwarteten Angriff ansetzten. Auf dem Weg zurück zu ihren Schiffen sichteten die Japaner mehrere Schiffe, darunter die *Hermes*, den australischen Zerstörer *Vampire*, die Korvette *Hollyhock* und zwei Tanker. Drei Stunden später erschienen 80 Sturzkampfbomber und versenkten alle drei Kriegsschiffe und die Tanker etwa 100 km vor Trincomalee. Die *Hermes*, die keine Flugzeuge an Bord hatte, funkte verzweifelt nach Hilfe, aber die wenigen Jäger in Trincomalee waren nicht in der Lage, einzugreifen.

Unterdessen waren Teile von Nagumos Verband – ein leichter Träger und sechs Kreuzer unter Admiral Ozawa – abkommandiert worden, um die Schiffahrt in der Bucht von Bengalen zu stören. Vom 7. April an zerstörte Ozawa innerhalb von fünf Tagen 23 Handelsschiffe. Die britische Fernostflotte (deren Verband A unmittelbar nach den Angriffen auf Ceylon nach Bombay verlegt worden war und deren Verband B die Konvoiroute in Ostafrika sicherte) hatte aber das Glück, dass danach kein japanischer Einsatzverband mehr im Indischen Ozean auftauchte.

MIDWAY UND GUADALCANAL

Admiral Nagumo zog sich stattdessen in den Pazifik zurück, um den nächsten großen Schlag vorzubereiten: die Besetzung der Midway-Inseln. Das sollte sich aber als eine äußerst kostspielige Operation erweisen, denn während der Schlacht um Midway am 4. und 5. Juni 1942 wurden die Flugzeugträger *Akagi*, *Kaga*, *Hiryu* und *Soryu* alle von US-Marinefliegern versenkt.

Midway wurde allein von Marinefliegern entschieden, ohne dass die Überwasserflotten Kontakt miteinander hatten. Die Schlachtschiffe von Yamamoto trugen nichts zum Ausgang der Schlacht bei. Nach Midway war für beide Seiten klar, dass die Trägerverbände den Ausgang der künftigen Seeschlachten entscheiden würden. Die Entwicklung weiterer Schlachtschiffe wurde

daher auf Eis gelegt. Zu diesem Zeitpunkt waren die 1937 entwickelten US-Kriegsschiffe *North Carolina* und *Washington* bereits bei der Atlantikflotte im Dienst und schützten die Konvois. Die Schiffe der „South-Dakota"-Klasse von 1938 gingen gerade erst in den Dienst. Die US Navy tat alles Erdenkliche, um die Schäden von Pearl Harbour zu reparieren, bis auf die *Arizona* und *Oklahoma*. Die *California* wurde im März 1942 gehoben und ins Dock gebracht, wo sie in den folgenden Monaten instand gesetzt wurde. Die *Nevada* durchlief ein ähnliches Programm. Sie wurde 1944 bei der Landung in der Normandie eingesetzt und kehrte dann in den Pazifik zurück. Die *West Virginia* und *Pennsylvania* kamen ebenfalls beim letzten Angriff auf Japan zum Einsatz, während die *Tennessee* sogar im Mai 1943 wieder einsatzbereit war.

Die erste echte Probe für die Schlachtschiffe im Pazifik kam während der Schlacht um Guadalcanal auf den Solomon-Inseln. Dort versuchten starke japanische Überwasserverbände die zuvor gelandeten US-Truppen zu vertreiben. In der Nacht vom 11. auf den 12. November 1942 versuchten die schnellen Schlachtschiffe *Hiei* und *Kirishima*, den wichtigen Landeplatz Henderson zu bombardieren. Sie wurden aber von US-Kreuzern und -Zerstörern überrascht und mussten mit erheblichen Schäden abziehen. Am nächsten Tag wurde die *Hiei* vor der Insel Savo von Flugzeugen der USS *Enterprise* entdeckt, angegriffen und in Brand gesetzt. 300 Seeleute kamen ums Leben, und die *Hiei* wurde schließlich aufgegeben und von japanischen Zerstörern versenkt.

In der folgenden Nacht versuchte die *Kirishima* erneut anzugreifen, aber diesmal waren die US-Schlachtschiffe *Washington* und *South Dakota* (die Letztere aus dem Atlantik abkommandiert) zur Stelle. Das Gefecht begann mit Feuerwechseln zwischen dem japanischen Gefechtsverband und den US-Zerstörern, von denen drei versenkt und einer beschädigt wurde. Kurz darauf geriet die *South Dakota* mit ausgefallenem Radar bei dem Versuch, den brennenden Zerstörern auszuweichen, vor die *Kirishima* und die schweren Kreuzer *Atago* und *Takao*, die sofort das Feuer eröffneten. Sie er-

Oben: Das französische Schlachtschiff *Richelieu*. In Dakar wurde die *Richelieu* von britischen Flugzeugen beschädigt, später schloss sie sich der britischen Fernostflotte an.

hielt 42 Treffer in die Aufbauten. Die *South Dakota* hatte aber das Glück, dass die *Washington* unbemerkt von den Japanern mit ihrem Radar auf 8000 m herankam und präzise schießen konnte. Innerhalb von sieben Minuten trafen neun 406-mm-Geschosse das japanische Schlachtschiff. Die *Kirishima* wurde brennend aufgegeben und von den Zerstörern versenkt.

Mitte 1943 hatte die US-Navy bereits zahlreiche Schlachtschiffe im Pazifik. Die Landungen in New Georgia in den mittleren Solomonen beispielsweise wurden von der *Massachussetts*, *Indiana*, *North Carolina* und zwei älteren Schiffen, der *Maryland* und der *Colorado,* unterstützt. Die wichtigste Waffe im Pazifik waren aber die Flugzeugträger und ihre fliegenden

Gruppen. Das galt ab 1944 auch für den Indischen Ozean, nachdem die Briten dort ihre Verbände aufgestockt hatten.

DIE FERNOSTFLOTTE

Ende 1943 war die britische Fernostflotte – abgesehen von dem kleinen Geleitträger HMS *Battler* – auf das Schlachtschiff *Ramillies*, acht Kreuzer, zwei Hilfskreuzer, elf Zerstörer, 13 Fregatten, Geleitboote und Korvetten sowie sechs U-Boote zusammengeschmolzen. Daher war es mehr als willkommen, als am 30. Januar 1944 die Schlachtschiffe *Queen Elizabeth* und *Valiant*, der Schlachtkreuzer *Renown*, die Flugzeugträger *Illustrious* und *Unicorn* zwei Kreuzer und sieben Zerstörer in Colombo eintrafen, um die Flotte zu verstärken. Sie waren erst einen Monat zuvor von Scapa Flow und vom Clyde aufgebrochen und durch das Mittelmeer und den Sueskanal gekommen.

Zwischen dem 22. und dem 27. Juli startete die Fernostflotte nach einer Reihe kleinerer Einsätze die Operation Crimson, einen Großangriff auf Sabang durch Luft- und Überwasserkräfte. Während die Corsairs von den beiden Trägern Flugplätze beschossen und die Barracudas sich um Tankeinrichtungen kümmerten, feuerten die Schlachtschiffe *Queen Elizabeth*, *Valiant*, *Renown* und *Richelieu* – Letztere war erst im April aus dem Nordatlantik eingetroffen – unterstützt von fünf Kreuzern und fünf Zerstörern, 294 380-mm-, 134 203-mm-, 324 152-mm-, 500 127-mm- und 123 100-mm-Geschosse auf Sabang ab. Nach der Bombardierung drangen der niederländische Kreuzer *Tromp* und die australischen Zerstörer *Quilliam*, *Quality* und *Quickmatch* in den Hafen ein und griffen die vor Anker liegenden Schiffe mit Torpedos und Geschützfeuer an. Der Kreuzer und zwei der Zerstörer wurden dabei beschädigt, konnten aber entkommen.

Ende August 1944 gehörten zur Fernostflotte die Schlachtschiffe *Howe*, *Richelieu*, *Queen Elizabeth*, der Schlachtkreuzer *Renown*, die Träger *Indomitable* und *Victorious*, elf Kreuzer und 32 Zerstörer. Die *Howe* war am 8. August zur Flotte gestoßen; am gleichen Tag war die *Valiant* beim Zusammenbruch des Trockendocks in Trincomalee schwer beschädigt worden. Damit hatte die Fernostflotte für die folgende Zeit nur drei Schlachtschiffe statt der vier geplanten.

Drei Monate später wurde die Fernostflotte umgegliedert und teilweise der britischen Ostindienflotte unter Vizeadmiral Sir Arthur Power unterstellt. Dazu gehörten das Schlachtschiff *Queen Elizabeth*, der Schlachtkreuzer *Renown*, fünf Geleitträger, acht Kreuzer und 24 Zerstörer. Die moderneren Kriegsschiffe, darunter die Schlachtschiffe *King George V* und *Howe*, die Träger *Indefatigable*, *Illustrious*, *Indomitable* und *Victorious*, die Kreuzer *Swiftsure*, *Argonaut*, *Black Prince*, *Ceylon*, *Newfoundland*, *Gambia* und *Achilles* sowie drei Zerstörerflottillen, wurden der britischen Pazifikflotte unter Admiral Sir Bruce Fraser unterstellt.

Am 16. Januar 1945 wurde die britische Pazifikflotte im Rahmen der Operation Meridian als Einsatzverband 63 von Trincomalee nach Sydney verlegt. Das war die erste Phase einer geplanten Verlegung in den Pazifik.

IOWA

Bewaffnung: Neun 406-mm-, 20 127-mm-Geschütze
Verdrängung: 55 710 t
Länge: 270,4 m
Breite: 33,5 m
Antrieb: Vier Schraubenturbinen
Geschwindigkeit: 32,5 Knoten
Besatzung: 1921 Mann

OBEN: Das Schlachtschiff USS *Iowa* nahm an den letzten Phasen des Krieges im Pazifik teil und blieb bis 1948 in der Pazifikflotte. Danach diente es im Koreakrieg.

UNTEN: Die mächtige *Yamato* in voller Geschwindigkeit. Am 7. April 1945 wurde sie vor Okinawa von Schiffen der US-Navy versenkt und riss 2498 Seeleute in den Tod.

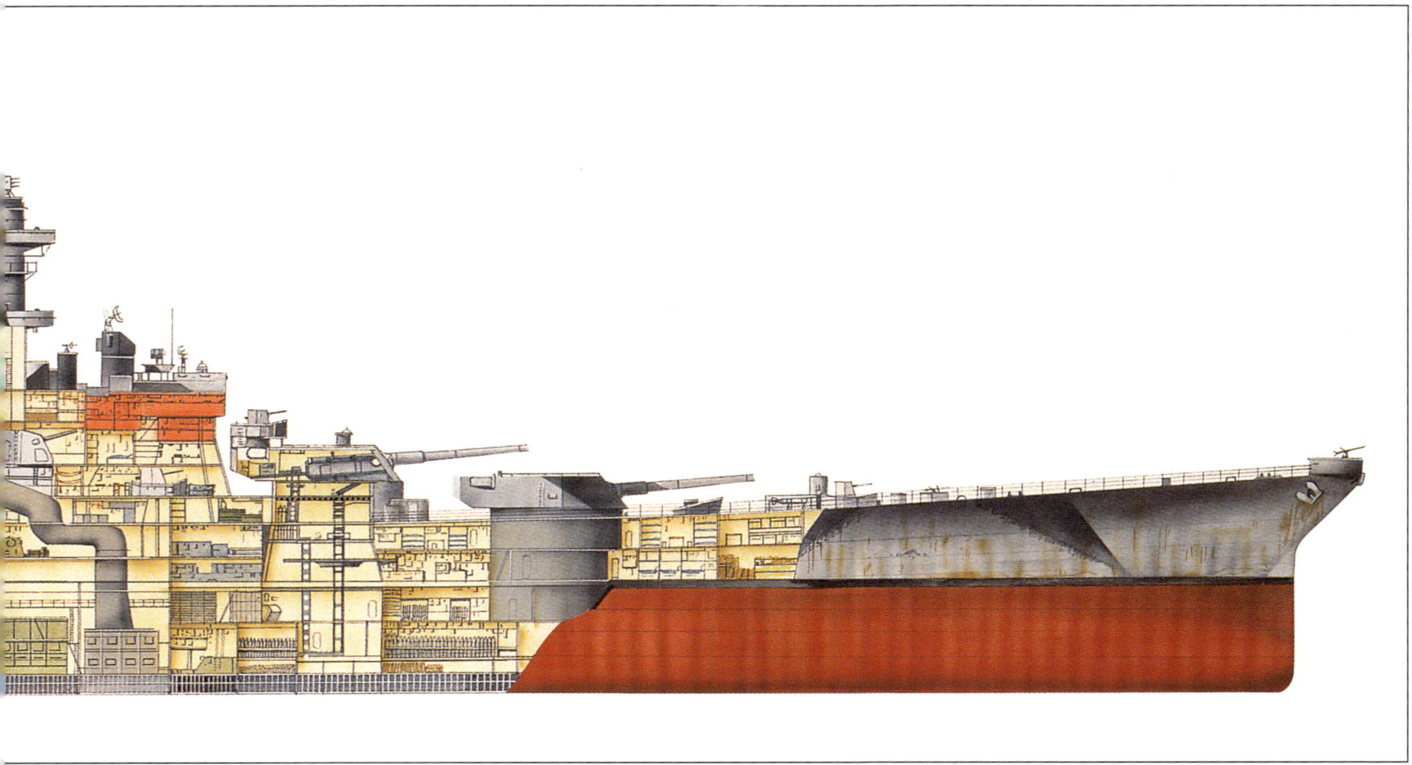

An dieser Verlegung nahmen das Schlachtschiff *King George V*, die Träger *Illustrious*, *Indefatigable*, *Indomitable* und *Victorious*, drei Kreuzer und neun Zerstörer teil.

Die Kriegsschiffe der Fernostflotte beschossen weiterhin japanische Ziele am Rand des Indischen Ozeans. Zwischen dem 8. und 18. April beispielsweise führte die Flotte die Operation Sunfish durch. Dabei nahmen die Schlachtschiffe *Queen Elizabeth* und *Richelieu*, die schweren Kreuzer *London* und *Cumberland* sowie die Zerstörer *Saumarez*, *Vigilant*, *Verulam*, *Virago* und *Venus* Kurs auf Ziele an der Nordküste von Sumatra und belegten besonders Sabang stark mit Geschützfeuer.

RÜCKEROBERUNG DER PHILIPPINEN

Unterdessen hatte die letzte große Seeschlacht im Pazifik stattgefunden. Bei der Schlacht in der Philippinischen See, die im Juni 1944 stattfand, während Kräfte der US-Navy die Landung auf den Marianen unterstützten, wurden die Schlachtschiffe in einer Gefechtslinie 24 km östlich von den Flugzeugträgern eingesetzt, um mit ihrem Flak-Feuer alle japanischen Flugzeuge abzuschießen, die durchbrechen wollten. Sie taten dies äußerst wirksam und trugen ihren Teil zum Abschuss der 242 japanischen Flugzeuge bei, die am 19. Juni während des „großen Truthahnschießens auf den Marianen" verloren gingen.

Im Oktober 1944 wurde die Rückeroberung mit Landungen der Amerikaner in Leyte eingeleitet. Als der Oberbefehlshaber der kombinierten japanischen Flotte, Admiral Toyoda, von der Invasion erfuhr, befahl er dem Verband Mitte von Vizeadmiral Kurita, am 22. Oktober mit den Schlachtschiffen *Yamato*, *Musashi*, *Kongo* und *Haruna*, zwei Kreuzern und 15 Zerstörern von Brunei auf Borneo aufzubrechen. Ihm folgte der Verband Süd von Vizeadmiral Nishimura mit den Schlachtschiffen *Fuso* und *Yamashiro*, einem Kreuzer und vier Zerstörern.

Am 24. Oktober wurde der Verband Mitte in vier Wellen von US-Trägerflugzeugen angegriffen. Bei diesen Angriffen wurde die *Musashi* von zehn Bomben und sechs Torpedos getroffen und sank innerhalb von acht Stunden. 1039 Mann von der Besatzung verloren ihr Leben. Die *Yamato* wurde ebenfalls von zwei Bomben getroffen, die aber kaum Schäden anrichteten. Die *Fuso* aus dem Verband Süd wurde in der Surigao-Straße durch Geschützfeuer und Torpedos versenkt. Danach wurde der Verband Süd von den Schlachtschiffen *West Virginia*, *California*, *Tennessee*, *Maryland* und *Mississippi* sowie von amerikanischen und australischen Kreuzern versenkt. Die *Yamashiro* versank nach zahlreichen Treffern und drei Torpedoeinschlägen und riss Vizeadmiral Nishimura mit in den Tod.

Zu diesem kritischen Zeitpunkt, als die amerikanische und australische Marine die letzten japanischen Kriegsschiffe verfolgten, hätte Admiral Kurita auch einen bedingungslosen Angriff auf die Invasionsflotte befehlen können, die praktisch ohne Verteidigung war.

Stattdessen ordnete er den Rückzug an, zweifellos schockiert über den Verlust der *Musashi* und der vier schweren Kreuzer.

Die Japaner sollten noch mehr Verluste erleiden. Am 25. Oktober wurde der Einsatzverband 34 aus den US-Schlachtschiffen *Iowa*, *New Jersey*, *Washington*, *Alabama*, *Massachussetts* und *Indiana*, vier Kreuzern und zehn Zerstörern gebildet, um Ablenkungskräfte unter Vizeadmiral Ozawa zu zerstören, die von Norden herankamen. Stattdessen entschied sich Admiral Halsey (Flaggschiff *New Jersey*), den Rest von Kuritas Verband im Süden zu zerstören und Ozawa den Flugzeugträgern zu überlassen. Die Taktik erwies sich als erfolgreich. Die Träger *Chitose*, *Zuikaku*, *Zuiho* und *Chiyoda* und ein Zerstörer wurden versenkt.

Die Schlacht im Golf von Leyte führte zum Untergang der japanischen Marine. Sie hatte keine Flugzeugträger mehr, und die Schlachtschiffe mussten im Hafen bleiben, weil es keinen Kraftstoff mehr gab. Die Verluste auf See mehrten sich immer noch. Am 21. November 1944 wurde das Schlachtschiff *Kongo* durch das US-U-Boot *Sealion* nordwestlich von Keelung torpediert und versenkt. Trotzdem wussten die Amerikaner, dass der Angriff auf die letzten Pazifikinseln vor Japan mit erheblichen Gefahren verbunden sein würde, denn in Leyte waren die US-Kriegsschiffe geplanten selbstmörderischen Angriffen von Kamikaze-Fliegern ausgesetzt gewesen.

KAMIKAZE-FLIEGER

Beim Angriff auf Okinawa im April 1945 bekamen die Alliierten die ganze Verzweiflung der Kamikaze-Piloten zu spüren. Zehn US-Schlachtschiffe unterstützten die Angreifer; dabei handelte es sich um die USS *Texas* und *Maryland* (Gruppe 1 mit einem Kreuzer und vier Zerstörern), *Arkansas* und *Colorado* (Gruppe 2 mit zwei Kreuzern und fünf Zerstörern), *Tennessee* und *Nevada* (Gruppe 3 mit zwei Kreuzern und sechs Zerstörern), *Idaho* und *West Virginia* (Gruppe 4 mit drei Kreuzern und sechs Zerstörern) und *New Mexico* und *New York* (Gruppe 5 mit zwei Kreuzern und sieben Zerstörern). Dazu nahmen die Schlachtschiffe *New Jersey*, *Wisconsin*, *Missouri*, *Massachussetts* und *Indiana* vor der Invasion an Bombardierungen teil, um den Gegner zu zermürben. Zwei britische Schlachtschiffe, die *King George V* und *Howe*, unterstützten ebenfalls die Landungen auf Okinawa, während die Flugzeuge von vier britischen Trägern die Flugplätze auf der Inselgruppe Sakishima Gunto südwestlich von Okinawa beschos-

LINKS: Die USS *New Mexico* bombardiert die von Japanern besetzte Insel Guam. Bei einem Kamikaze-Angriff am 6. Januar 1945 kamen bei Lingayen 31 Seeleute ums Leben.

sen. Die britische Pazifikflotte bildete den Einsatzverband 57, der wiederum ein Teil der 5. US-Flotte war; das Flaggschiff war das Schlachtschiff USS *Indianapolis* (Admiral Spruance).

Bei den intensiven Kamikaze-Angriffen, die die vorbereitenden Bombardierungen und die Landungen selbst zwischen dem 1. und 5. April 1945 in Okinawa begleiteten, wurden die *Indianapolis*, *West Virginia*, *Nevada* und *Maryland* beschädigt.

DIE LETZTEN ENTSCHEIDUNGEN

Am 6. April brach ein japanischer Einsatzverband unter Vizeadmiral Ito von Tokuyama am Japanischen Meer auf. Das Zentrum bildete die mächtige *Yamato* unter der Flagge von Konteradmiral Ariaga. Begleitet wurde das Schlachtschiff vom Kreuzer *Yahagi* (Kapitän Hara mit dem Kommandeur der 2. Zerstörerflottille, Konteradmiral Komura, an Bord) und acht Zerstörern. Das Ziel des Verbandes war Okinawa. Die Aufgabe: der US-Invasionsflotte so viele Schäden zuzufügen wie möglich. Eine Rückkehr war nicht eingeplant.

Die Japaner hatten das Pech, dass sie bei der Anfahrt von einem B-29-Bomber und zwei U-Booten beobachtet wurden. Am Morgen des 7. April wurden die Kriegsschiffe von Aufklärungsflugzeugen gesichtet, und um 10.00 Uhr starteten 280 Flugzeuge von den US-Trägern vor Okinawa. Beim ersten Angriff wurden der Kreuzer *Yahagi* und der Zerstörer *Hamakaze* versenkt; das Schlachtschiff selbst wurde von zwei Bomben und einem Torpedo getroffen.

Eine zweite Welle mit 100 Flugzeugen startete um 14.00 Uhr. Zunächst versenkten sie die Zerstörer *Isokaze*, *Asashimo* und *Kasumi*. Dann wurde die *Yamato* von neun weiteren Torpedos und drei Bomben getroffen. Sie schlug leck, entwickelte eine starke Schlagseite und kenterte. Dann flog sie mit einem gewaltigen Schlag in die Luft. Wahrscheinlich war das Feuer bis in die Magazine vorgedrungen. 3365 Seeleute verloren ihr Leben, davon 2498 auf der *Yamato* selbst. Von den 386 amerikanischen Flugzeugen, die an den Angriffen teilgenommen hatten, kehrten bis auf zehn alle zurück. Das war das Ende der Kaiserlichen Japanischen Marine.

UNTEN: Vor dem Angriff der US-Marine bombardiert die USS *Tennessee* Okinawa. Die amphibischen Landungsboote stehen schon bereit.

VERLUSTE AN SCHLACHTSCHIFFEN UND -KREUZERN 1939-1945

Unten sind in chronologischer Reihenfolge die Verluste der großen Nationen während des Zweiten Weltkriegs aufgeführt.

Frankreich

3.7.1940
BRETAGNE
SCHLACHTSCHIFF
durch britische Schiffsartillerie bei Mers-el-Kebir versenkt.

27.11.1942
DUNKERQUE
SCHLACHTSCHIFF
bei Toulon durch eigene Besatzung versenkt.

27.11.1942
PROVENCE
SCHLACHTSCHIFF
bei Toulon durch eigene Besatzung versenkt.

27.11.1942
STRASBOURG
SCHLACHTSCHIFF
bei Toulon durch eigene Besatzung versenkt.

9.6.1944
COURBET
SCHLACHTSCHIFF
als Wellenbrecher in der Normandie versenkt.

Deutschland

17.12.1939
ADMIRAL GRAF SPEE
PANZERSCHIFF
bei Montevideo durch eigene Besatzung versenkt.

27.5.1941
BISMARCK
SCHLACHTSCHIFF
durch Schiffsartillerie und Torpedos im Nordatlantik versenkt.

26.12.1943
SCHARNHORST
SCHLACHTKREUZER
durch Schiffsartillerie und Torpedos vor dem Nordkap, Norwegen, versenkt.

28.3.1945
GNEISENAU
SCHLACHTKREUZER
bei Gdingen durch eigene Besatzung versenkt.

9.4.1945
ADMIRAL SCHEER
PANZERSCHIFF
bei einem Luftangriff auf Kiel versenkt.

4.5.1945
LÜTZOW
Schlachtkreuzer
bei einem Luftangriff auf Swinemünde versenkt.

Großbritannien

14.10.1939
ROYAL OAK
SCHLACHTSCHIFF
bei Scapa Flow durch *U.47* versenkt.

24.5.1941
HOOD
SCHLACHTKREUZER
durch die *Bismarck* versenkt.

25.11.1941
BARHAM
SCHLACHTSCHIFF
durch *U.331* im Mittelmeer versenkt.

10.12.1941
PRINCE OF WALES
SCHLACHTSCHIFF
bei einem japanischen Luftangriff vor Malaya versenkt.

10.12.1941
REPULSE
SCHLACHTKREUZER
bei einem japanischen Luftangriff vor Malaya versenkt.

Griechenland

23.4.1941
KILKIS
SCHLACHTSCHIFF
bei einem Luftangriff auf Piräus versenkt.

23.4.1941
LEMNOS
SCHLACHTSCHIFF
bei einem Luftangriff auf Piräus versenkt.

Italien

9.9.1943
ROMA
SCHLACHTSCHIFF
durch deutsche Gleitbomben im Mittelmeer versenkt.

12.11.1940
CONTE DI CAVOUR
SCHLACHTSCHIFF
bei einem Luftangriff auf Triest versenkt.

Japan

13.11.1942
HIEI
SCHLACHTKREUZER
bei einem Luftangriff vor Guadalcanal versenkt.

15.11.1942
KIRISHIMA
SCHLACHTKREUZER
durch Schiffsartillerie und Torpedos vor Guadalcanal versenkt.

8.6.1943
MUTSU
SCHLACHTSCHIFF
in der Bucht von Hiroshima explodiert.

24.10.1944
MUSASHI
SCHLACHTSCHIFF
bei einem Luftangriff in der Sibuyan-See versenkt.

25.10.1944
FUSO
SCHLACHTSCHIFF
durch Schiffsartillerie und Torpedos in der Surigao-Straße versenkt.

25.10.1944
YAMASHIRO
SCHLACHTSCHIFF
durch Schiffsartillerie und Torpedos in der Surigao-Straße versenkt.

21.11.1944
KONGO
SCHLACHTSCHIFF
durch US-U-Boot *Sealion* vor Keelung, Taiwan, versenkt.

7.4.1945
YAMATO
SCHLACHTSCHIFF
bei einem Luftangriff südwestlich von Kyushu versenkt.

24.7.1945
HYUGA
SCHLACHTSCHIFF
bei einem Luftangriff auf Kure versenkt.

27.7.1945
HARUNA
SCHLACHTKREUZER
bei einem Luftangriff auf Kure versenkt.

28.7.1945
ISE
SCHLACHTSCHIFF
bei einem Luftangriff auf Kure versenkt.

Vereinigte Staaten

7.12.1941
ARIZONA
SCHLACHTSCHIFF
beim japanischen Luftangriff auf Pearl Harbour versenkt.

7.12.1941
OKLAHOMA
SCHLACHTSCHIFF
beim japanischen Luftangriff auf Pearl Harbour versenkt.

UdSSR

23.9.1941
MARAT
SCHLACHTSCHIFF
bei einem Luftangriff auf Kronstadt versenkt.

Kapitel 10

Das Ende der Glanzzeit

Der Krieg hatte die Grenzen des Schlachtschiffs aufgezeigt. Nun war der Flugzeugträger der Mittelpunkt jeder Flotte und hatte das Schlachtschiff abgelöst. Flugzeuge, später auch Raketen, konnten Land- und Seeziele weit außerhalb der Reichweite der Schiffsartillerie erreichen. Die Größe war nun ein Nachteil. Trotzdem wurden einige dieser glorreichen Schiffe sogar noch im Golfkrieg eingesetzt.

Am Ende des Zweiten Weltkrieges wussten die Marinen in aller Welt, dass der Flugzeugträger mit seiner weitreichenden Schlagkraft und eigenen Luftabwehr das Großkampfschiff der Zukunft sein würde. Der Krieg hatte gezeigt, dass ein Schlachtschiff ohne Deckung ein verwundbares Ziel für Angriffe aus der Luft darbot, besonders wenn Abstandsflugkörper eingesetzt wurden. Der Untergang des italienischen Schlachtschiffs *Roma* im September 1943 verdeutlichte dies.

LINKS: Die USS *Iowa* im Sonnenuntergang. Sie gehörte 1952–1958 zur US-Atlantikflotte und war ein wichtiger Bestandteil der NATO-Seestreitkräfte.

Die Royal Navy hatte es sehr eilig, sich ihrer Schlachtschiffe zu entledigen, nachdem der Krieg vorüber war. Die *Nelson* und die *Rodney* wurden 1948 zum Abwracken gebracht. Die *Anson* aus der „King-George-V"-Klasse kehrte 1946 aus den Gewässern des Fernen Ostens zurück, um zunächst in Reserve gehalten und dann aber 1957 doch abgewrackt zu werden. Die *Duke of York*, die zu spät in Richtung Pazifik losgeschickt wurde, um noch an den letzten Schlachten teilzunehmen, wurde 1951 ebenfalls zur Reserve abkommandiert und 1958 abgewrackt. Die *Howe*, Veteran zahlreicher Schlachten vom Atlantik bis Okinawa, traf dasselbe Schicksal, wie auch die *King George V*, Führer ihrer

VANGUARD

Bewaffnung: Acht 380-mm-, 16 133-mm-Geschütze
Verdrängung: 44 500 t
Länge: 248 m
Breite: 32,9 m
Antrieb: Vier Schraubenturbinen
Geschwindigkeit: 30 Knoten
Besatzung: 1600 Mann

OBEN: Die HMS *Vanguard*, das letzte britische Schlachtschiff. Sie brachte die königliche Familie nach Südamerika, diente kurz im Mittelmeer und wurde 1960 abgewrackt.

Klasse, die 1949 aus dem Dienst genommen wurde. Die HMS *Warspite* aus der alten „Queen-Elizabeth"-Klasse lief 1947, wie aus Protest, bei Mounts Bay, Cornwall, auf Grund und zerbrach, während sie zum Abwracken gebracht wurde. Ihre Schwestern *Valiant* und *Queen Elizabeth* wurden beide 1948 verschrottet. Die *Ramillies*, *Resolution* und *Revenge*, die Überlebenden aus der noch älteren „Royal-Sovereign"-Klasse und bei Ende des Krieges Schulschiffe, wurden im Jahr 1948 abgewrackt.

Die „Lion"-Klasse von 1938–39, vergrößerte Versionen der „King-George-V"-Klasse mit 406-mm-Kanonen und den vorgesehenen Namen *Conqueror*, *Lion*, *Thunderer* und *Temeraire*, wurden nicht gebaut. Nur ein Schlachtschiff wurde noch während des Krieges 1941 auf Kiel gelegt, die HMS *Vanguard*. Sie war ebenfalls eine vergrößerte Version der „King-George-V"-Klasse mit 44 500 t. 1944 lief sie vom Stapel, zu spät, um noch im Zweiten Weltkrieg zu dienen. Ihre vier Zwillingsgeschütztürme hatten 380-mm-Kanonen, die ursprünglich auf den leichten Schlachtkreuzern *Courageous* und *Glorious* vor deren Umbau zu Flugzeugträgern benutzt wurden. Sie verfügte außerdem über 16 133-mm-Kanonen und schwere Flak, bestehend aus 71 40-mm-Bofors Kanonen. Die Besatzung umfasste 1600 Mann. 1947 brachte sie die königliche Familie nach Südafrika. 1949 diente sie kurz im Mittelmeer, bevor sie 1956 in die Reserve ging. 1960 wurde sie aus dem Dienst genommen und in Faslane abgewrackt. Sie war das letzte Schlachtschiff der Royal Navy gewesen. In ihrer kurzen Karriere nahm die *Vanguard* 1953 an einer Übung mit den amerikanischen Schlachtschiffen *Iowa* und *Wisconsin* im Atlantik teil. Es war das letzte Mal, dass angloamerikanische Schiffe zusammen auf See waren.

DIE EUROPÄISCHEN SCHLACHTSCHIFFE

Frankreich setzte seine beiden Schlachtschiffe *Richelieu* und *Jean Bart* noch einige Jahre lang ein. Das Erste wurde 1945–46 zur Feuerunterstützung bei Operationen in Indochina eingesetzt. 1956 wurde es in Reserve genommen und 1960 abgewrackt. Die *Jean Bart*, 1942 bei Casablanca von der USS *Massachussetts* und bei Luftangriffen beschädigt, wurde nach dem Krieg nach Cherbourg abgeschleppt und in Brest fertig gestellt. 1956 unterstützte sie die Bodentruppen und wirkte bei der Flugabwehr während der Operationen in der französischen Zone des Sueskanals mit. Ab 1961 wurde sie als Schulschiff eingesetzt. 1970 wurde sie abgewrackt.

Von den italienischen Schlachtschiffen, die 1943 an die Alliierten übergeben wurden, wurden die *Littorio* und die *Vittorio Veneto* bis zu ihrer Rückgabe im Februar 1946 im Amaro-See interniert. Beide wurden 1948 außer Dienst gestellt und 1960 abgewrackt. Nach ihrer Internierung in Malta wurde die *Andrea Doria* für kurze Zeit als Schulschiff eingesetzt, bevor sie 1944 deaktiviert wurde. 1949 wieder im Einsatz, diente sie noch bis 1956 als Schulschiff. 1961 wurde sie in La Spezia abgewrackt, wo bereits 1956 die *Caio Duilio*, ebenfalls in Malta interniert und später als Schulschiff eingesetzt, dasselbe Schicksal erlitten hatte. Die *Giulio Cesare*, Italiens letztes Schlachtschiff, wurde 1948 an die sowjetische Schwarzmeerflotte abgegeben und in *Noworossisk* umbenannt. Am 4. November 1955 explodierte sie und sank bei Sewastopol. Das nächste sowjetische Schiff, das diesen Namen trug, war ein Flugzeugträger der „Kiew"-Klasse. Die Russen hatten 1937 vier neue Schlachtschiffe auf Kiel gelegt: die *Sowjetski Sojus*, *Sowjetskaja Bjelorossia*, *Sowjetskaja Rossia* und *Sowjets-*

CLÉMENCEAU

Bewaffnung: Acht 381-mm-Geschütze
Verdrängung: 47 500 t
Länge: 247,9 m
Breite: 33 m
Antrieb: Vier Schrauben, Getriebeturbinen
Geschwindigkeit: ca. 25 Knoten
Besatzung: 1550 Mann

OBEN: Das französische Schlachtschiff *Clémenceau* war nur zu 10 % fertig, als die Deutschen im Juni 1940 Brest einnahmen. Der Rumpf war nur mit einem „R" gekennzeichnet.

UNTEN: Die Schwesterschiffe der *Richelieu* waren die *Jean Bart* und *Clémenceau*. Letztere lief zwar vom Stapel, wurde aber nie fertig gestellt und 1944 versenkt.

ADMIRAL USCHAKOW ehemals KIROW

Bewaffnung: 20 Boden-Boden-Flugkörper SS-N-19
Verdrängung: 24 000 t
Länge: 248 m
Breite: 28 m
Antrieb: Zwei Wellen, zwei Atomreaktoren mit kombinierten Überhitzerkesseln
Geschwindigkeit: 30 Knoten
Besatzung: 800 Mann

OBEN: Der russische atomgetriebene Flugkörper-Kreuzer *Kirow* (so der damalige Name) war bei seinem Erscheinen 1977 eine echte Überraschung für die NATO.

kaja Ukraina. Der Mangel an Baumaterialien verzögerte die Fertigstellung. An zwei Schiffen wurden die Arbeiten 1940 eingestellt. Die *Sowjetski Sojus* war bereit für den Stapellauf, als die deutschen Truppen einmarschierten. 1948–50 wurde sie auf der Helling abgewrackt. Die *Sowjetskaja Ukraina* war zu 75 % fertig, als sie von den Deutschen in Nikolajew beschlagnahmt wurde. Sie zerstörten die Helling, um somit den Stapellauf nach dem Rückzug von der Krim zu verhindern. Zwischen 1944 und 1947 wurde sie abgewrackt.

Die sowjetische Marine hatte während des Zweiten Weltkrieges folglich nur drei einheimische Schlachtschiffe, die allesamt zur „Gangut"-Klasse der Großkampfschiffe von 1908 gehörten. Eines davon, die *Marat* (früher *Petropawlowsk*) wurde am 23. September 1941 bei einem Angriff von Ju 87 im Hafen von Kronstadt schwer beschädigt. Ihr Bug und der „A"-Turm wurden zerstört, und sie lief auf Grund. 1943 wurde sie wieder flottgemacht und unter dem Namen *Wolkow* als Schulschiff eingesetzt. 1953 wurde sie schließlich abgewrackt.

Das zweite Schlachtschiff, die *Oktjabrskaja Revolutsia*, war die erste *Gangut,* die 1925 umbenannt worden war. Im kurzen Winterkrieg mit Finnland 1939/40 wurde sie zur Bombardierung eingesetzt. Später diente sie zur Verteidigung von Leningrad. Während des Luftangriffs auf Kronstadt am 23. September 1941 wurde sie von sechs Bomben schwer getroffen, am 4. April 1942 von weiteren vier. 1956 bis 1959 wurde sie in Kronstadt abgewrackt.

Übrig blieb die *Sewastopol*, die von 1923 bis 1943 *Parischkaja Kummuna* hieß. Sie diente in der Schwarzmeerflotte und wurde 1941–42 zur Verteidigung von Sebastopol eingesetzt. Bei einem deutschen Luftangriff im September 1942 beschädigt, wurde sie erst 1946 repariert. 1957 wurde sie abgewrackt.

Im Mai 1944 liehen die Briten ihr Schlachtschiff *Royal Sovereign* an die sowjetische Marine aus. Dort wurde sie in *Archangelsk* umbenannt. Sie diente in der Arktisflotte. 1947 lief sie in der Barentsee auf Grund und wurde beschädigt. 1949 wurde sie an England zurückgegeben und dort abgewrackt.

Die Russen planten während des Zweiten Weltkriegs noch den Bau zweier weiterer 39 036-t-Schlachtkreuzer, der *Moskwa* und *Stalingrad*. Die dafür nötigen Bauarbeiten begannen aber erst, nachdem der Krieg zu Ende war. Kurz danach wurden sie aus politischen Gründen gestoppt. Die *Moskwa* wurde noch auf der Helling demontiert. Die *Stalingrad* wurde im Jahr 1953, als sie zu etwa 60 % fertig gestellt war, vom Stapel gelassen und

als Ziel für Waffentests benutzt. Im Jahr 1954 versenkte man sie vor der Krimküste.

EIN ÜBERRASCHENDES COMEBACK

Die Russen hatten jedoch noch ein Ass im Ärmel. Im Dezember 1977 ließ die sowjetische Marine, die mit ihren weltweiten Operationen zu einer richtigen Ozeanflotte geworden war, die *Kirow* vom Stapel; sie ist abgesehen von den Flugzeugträgern das größte nach dem Zweiten Weltkrieg gebaute Kriegsschiff. Als *Raketnij Kreyser* oder Raketenkreuzer bezeichnet, passte das 24 385-t-Schiff in Bezug auf Erscheinung und Feuerkraft eher in die veraltete Kategorie der Schlachtkreuzer. Die *Kirow* und ihr Schwesterschiff *Frunze* sind einzigartig, was ihren Antrieb anbelangt: eine Kombination aus Atom- und Dampfantrieb. Zwei Reaktoren sind mit ölgefeuerten Kesseln verbunden, die den im Reaktor erzeugten Dampf überhitzen. Somit steht mehr Leis-

UNTEN: Die italienische *Littorio* wurde in Taranto und 1942 erneut zweimal durch Luftangriffe beschädigt. 1943 wurde sie in *Italia* umbenannt und an die Alliierten übergeben.

Littorio

Bewaffnung: Neun 380-mm-, zwölf 152-mm-, vier 120-mm-Geschütze
Verdrängung: 45 963 t
Länge: 237,8 m
Breite: 32,9 m
Antrieb: Vier Schraubenturbinen
Geschwindigkeit: 28 Knoten
Besatzung: 1950 Mann

tung für die Fahrt mit Höchstgeschwindigkeit zur Verfügung. Die *Kirow* und die *Frunze* haben von allen russischen Kriegsschiffen die stärkste Bewaffnung.

DIE US-NAVY NACH DEM KRIEG

Von den wieder aufgebauten Großkampfschiffen wurden die USS *Nevada*, *Pennsylvania*, *New York* und *Arkansas* als Zielobjekte für die Atomtests im Bikini-Atoll benutzt. Die *Arkansas* sank beim zweiten Test am 25. Juli 1946. Die *Nevada*, *Pennsylvania* und *New York* überstanden die Tests und wurden 1946 außer Dienst gestellt, um im Juli 1948 schließlich als Ziele für Flugzeuge vor Hawaii und Kwajalein versenkt zu werden. Übrigens überstand auch der schwere deutsche Kreuzer *Prinz Eugen*, ein Weggefährte der unglückseligen *Bismarck*, die Atomtests und sank 1947 als Zielobjekt bei Kwajalein.

Die *Idaho*, Schlachtschiff der „New-Mexico"-Klasse, wurde 1946 außer Dienst gestellt und im folgenden Jahr abgewrackt. Die *Mississippi*, ebenfalls aus der „New-Mexico"-Klasse, diente noch ein paar Jahre nach dem Krieg als Artillerieschul- und Erprobungsschiff, bevor sie deaktiviert und abgewrackt wurde.

Die *Tennessee* und *California* wurden beide 1947 außer Dienst gestellt und 1959 abgewrackt; ebenso wie die *Colorado*, *Maryland* und *West Virginia*. Die *North Carolina* sollte dagegen ein besseres Schicksal ereilen. Sie wurde in die Obhut des Bundesstaates gegeben, nach dem sie benannt worden war, und als Denkmal in Wilmington zur Schau gestellt. Die USS *Washington* dagegen wurde 1961 abgewrackt.

Die *Alabama* wurde ebenfalls von ihrem Bundesstaat in Mobile konserviert und als Monument ausgestellt. Aus der *Massachussetts* wurde in Fall River ein Denkmal, die *South Dakota* aber wurde 1962 in der Werft abgewrackt, und die *Indiana* sollte ihr ein Jahr später folgen. Nun waren nur noch die vier mächtigen Schlachtschiffe der „Iowa"-Klasse übrig geblieben. Ihre Karrieren sollten aber längst noch nicht beendet sein. Alle bis auf die *Missouri* waren 1948/49 außer Dienst gestellt worden. Die *Missouri*, auf der Japans Kapitulation vor den Alliierten am 2. September 1945 in der Bucht bei Tokio unterzeichnet worden war, diente noch bis 1950 in der Atlantikflotte. Allerdings passierte ihr dann ein Missgeschick, als sie bei Thimble Shoal in der Chesapeake Bay strandete. Wieder flottgemacht, wurde sie in koreanische Gewässer geschickt, wo sie an der Bombardierung teilnahm. 1951/52 diente sie dann wieder in der Atlantikflotte. Bevor sie 1955 außer Dienst

OBEN: Die *Admiral Uschakow*, hier noch als *Kirow*, hat im Juli 1992 gegenüber dem Kreuzer *Marshall Ustinow* aus der „Slawa"-Klasse angelegt.

КИРОВ
1513

gestellt wurde, kehrte sie noch einmal für einen Einsatz nach Korea zurück.

DER KOREAKRIEG

Der Koreakrieg sorgte außerdem für die Wiederindienststellung dreier weiterer Schlachtschiffe. Am 15. März 1952 wurde die *Wisconsin* von einer Granate der nordkoreanischen Küstenbatterien beschädigt. Bei ihrer Rückkehr zur Atlantikflotte kollidierte sie mit dem Zerstörer USS *Eaton*. Der schwere Schaden am Bug wurde mit Teilen eines anderen Schiffes der „Iowa"-Klasse, der *Kentucky*, repariert. Die *Kentucky* war 1944

auf Kiel gelegt worden und hätte im September 1946 ihren Dienst antreten sollen, aber die Arbeiten wurden unterbrochen, als sie etwa zu 69 % fertig gestellt war. Im Januar 1950 lief sie nur noch vom Stapel, um die Helling für andere Schiffe freizumachen. Sie sank 1954 im James River während eines Hurrikans. 1958 wurde sie abgewrackt. Die *Wisconsin* wurde ebenfalls 1958 außer Dienst gestellt.

VIETNAM

Die *Iowa* und die *New Jersey* kehrten unversehrt von ihren Einsätzen aus koreanischen Gewässern zurück. Beide Schiffe dienten später einige Zeit lang in der Atlantikflotte, bevor sie 1957/58 außer Dienst gestellt wurden. Die *New Jersey* sollte jedoch nicht lange eingemottet bleiben. Am 6. April 1967 wurde sie für ihre zweite Wiederindienststellung neu ausgerüstet. Diesmal sollte sie vor Vietnam zur Feuerunterstützung eingesetzt werden. Während dieses Einsatzes verbrachte sie 120 Tage auf der Geschützlinie. Sie feuerte 5688 406-mm- und 14 891 127-mm-Geschosse auf verschiedene Ziele ab. Die Kanonen Mk7 Mod 0, die in den drei 1735 t schweren Drillingstürmen der *New Jersey* saßen, waren die größten Schiffsgeschütze, die es je gab. Jede einzelne Kanone wog ohne Verschlussstück 108 479 kg. Eine 77 Mann starke Mannschaft wurde benötigt, um jede einzelne Kanonenhalterung zu bedienen. Weitere 30 bis 36 Mann arbeiteten in den Magazinen. Bei der abgefeuerten Munition handelte es sich entweder um Hochleistungssprenggeschosse oder panzerbrechende Geschosse. Letztere konnten 9 m dicken Stahlbeton oder 559 mm dicke Panzerplatten durchschlagen. Das Schlachtschiff hatte eine Kampfbeladung von 1220 Geschossen. Die Kanonen erwiesen sich als äußerst genau. Sie konnten Ziele zur direkten Unterstützung von Bodentruppen, Ziele mit starker Verteidigung und sogar Ziele im Inland treffen. Die maximale Reichweite betrug 38 km bei Hochleistungssprenggeschossen und 36,7 km bei panzerbrechenden Geschossen.

DIE RÜCKKEHR DER „IOWA"-KLASSE

1969 wurde die *New Jersey* im Rahmen von Sparmaßnahmen wieder deaktiviert und mit weiteren drei Schiffen eingemottet. In den 70er Jahren galten die vier Schlachtschiffe nur noch als Relikte aus vergangenen Zeiten. 1980 musste jedoch die Überwasserflotte der US-Navy wieder vergrößert werden, um mit den neuen Klassen der sowjetischen Kriegsschiffe Schritt zu halten. Der Kongress bewilligte schließlich Gelder für die Wiederindienststellung der Schlachtschiffe. Nach einer hitzigen Debatte wurde die *New Jersey* modernisiert und am 27. Dezember 1982 wieder in den Dienst gestellt. Ihr erster Einsatz war im März 1983 bei der Pazifikflotte. Bis zum Ende des Jahres diente sie zunächst wegen einer Krise mit einem Einsatzverband vor der

OBEN: Die USS *Iowa* feuert eine Breitseite aus ihren 406-mm-Geschützen ab. Ihre Geschütztürme wurden durch 241–432 mm starke Panzerplatten geschützt.

INDIANA

Bewaffnung: Neun 406-mm-, 20 127-mm-Geschütze
Verdrängung: 44 519 t
Länge: 207,2 m
Breite: 32,9 m
Antrieb: Vier Schraubenturbinen
Geschwindigkeit: 27,5 Knoten
Besatzung: 1793 Mann

OBEN: Die *Indiana* aus der „South-Dakota"-Klasse wurde im April 1942 fertig gestellt und nahm an allen Feldzügen im Pazifik teil. 1947 wurde sie außer Dienst gestellt.

Küste Nicaraguas und im Dezember schließlich vor dem Libanon, wo sie ihre hervorragende Bewaffnung dafür nutzte, syrische Flugabwehrstellungen zu bombardieren. Diese hatten zuvor Aufklärungsflugzeuge der US-Navy beschossen, die Einheiten des US-Marine-Corps unterstützt hatten.

Mitte der 1980er Jahre wurden die vier Schiffe der „Iowa"-Klasse, insbesondere die *New Jersey*, einer Modernisierung unterzogen, die insgesamt 1500 Millionen Dollar kostete. Die Schiffe erhielten eine neue Feuerleitzentrale und Multifunktions-Radarsysteme sowie Tomahawk- und Harpoon-Marschflugkörper und verbesserte Kommunikationssysteme wie das Satellitenfunkgerät WSC-3. 1989 wurden bei einer Explosion in einem der 406-mm-Geschütztürme auf der *Iowa* 47 Offiziere und Seeleute getötet. Obwohl die tatsächliche Ursache nie genau festgestellt werden konnte, ergab eine Untersuchung, dass die wahrscheinlichste Ursache

UNTEN: Die USS *New Jersey* schießt einen Tomahawk-Marschflugkörper ab. Sie war das erste US-Schlachtschiff mit diesem System.

OBEN: Die USS *Missouri* (Spitzname „Mighty Mo“) im Koreakrieg beim Bombardieren der chinesischen Verbindungswege bei Chong Jin.

Unten: Die USS *Iowa* durchquert den Panamakanal. Das Foto verdeutlicht die Größe des Schlachtschiffs und die Hubschrauber-Landezone am Heck.

Oben: Alle vier Schlachtschiffe der „North-Carolina"-Klasse verfügten über das unbemannte israelische Pioneer-Fahrzeug, hier an Bord der USS *Missouri* im Golfkrieg.

ein Zünder war, der zwischen die Pulversäcke im Geschützmagazin geraten war. Pläne, den Turm wieder zu reparieren, wurden verschoben, als entschieden wurde, die *Iowa* und die *New Jersey* 1991 wieder einzumotten. Tatsächlich wurde die *Iowa* im Oktober 1990 ausgemustert, die *New Jersey* im Februar 1991.

DER LETZTE EINSATZ

Die *Missouri* und die *Wisconsin* blieben jedoch weiter im Dienst. Beide wurden 1990/91 zur Unterstützung der Koalitionstruppen im Golf während der Operationen Desert Shield und Desert Storm eingesetzt und feuerten ihre Marschflugkörper auf Ziele im Irak ab. Von ihrer Stellung im Roten Meer feuerte die *Wisconsin* während der Eröffnungsphase von Desert Storm Dutzende Marschflugkörper BGM-109 ab. Die *Missouri* hingegen fuhr in den Golf, um sich anderen Kriegsschiffen der Koalitionstruppen anzuschließen, die irakische Stellungen in Kuwait beschossen. Zunächst wurde das Feuer aus 30 km Entfernung eröffnet. Nachdem jedoch die Bedrohung durch irakische Silkworm-Seezielflugkörper mit Hilfe von Luftangriffen aus dem Weg geräumt worden war, näherten sich die Kriegsschiffe bis auf 20 km. Auf diese Entfernung war ihre Bewaffnung immens wirksam. In der Nacht vom 25. Februar 1991 schossen die Irakis zwei Silkworms auf die *Missouri* ab. Sie wurden jedoch von Sea-Dart-Flugkörpern zerstört, die von der HMS *London*, einem Zerstörer der Royal Navy vom Typ 42, abgefeuert wurden.

WÜRDIGE DENKMÄLER

Damit ging die Ära der Schlachtschiffe zu Ende. Aber für die Schiffe der „Iowa"-Klasse bedeutete dies nicht die Schmach, nun doch noch abgewrackt zu werden. Durch das Projekt „Heimathafen" der US-Navy fand die *Iowa* zusammen mit anderen Schiffen ihre letzte Ruhestätte in Staten Island, New York. Die *Wisconsin* liegt bei Corpus Christi, Texas, die *New Jersey* bei Long Beach, Kalifornien. Aus der *Missouri* wurde ein würdiges Denkmal einer verlorenen Generation von Kriegsschiffen – in Pearl Harbour.

Register

Kursiv gedruckte Seitenzahlen verweisen auf Abbildungen.